中国行星探测
Mars

天问一号
俯瞰火星

刘建军 耿言 等编著

中国宇航出版社
·北京·

图书在版编目（CIP）数据

天问一号·俯瞰火星 / 刘建军等编著. -- 北京 : 中国宇航出版社, 2024. 10. -- ISBN 978-7-5159-2435-9

Ⅰ. V476.4-49

中国国家版本馆CIP数据核字第2024UC2095号

策　　划　王婷婷
责任编辑　朱琳琳　　**美术设计**　沈关键

出　版
发　行　中国宇航出版社

社　址　北京市阜成路8号　**邮　编**　100830
(010)68768548
网　址　www.caphbook.com
经　销　新华书店
发行部　(010)68767386　(010)68371900
(010)68767382　(010)88100613（传真）
零售店　读者服务部　(010)68371105
承　印　北京中科印刷有限公司

版　次　2024年10月第1版
2024年10月第1次印刷
规　格　889×1194
开　本　1/16
印　张　19
字　数　217千字
书　号　ISBN 978-7-5159-2435-9
定　价　198.00元

《天问一号·俯瞰火星》

编审委员会

主　任　李春来

成　员　张荣桥　潘永信　孙泽洲　赫荣伟
王献忠　张玉花　李海涛　谢剑锋

编写组

成　员　刘建军　耿　言　任　鑫　李佳威
陈　刚　曾兴国　左　维　张舟斌
严　韦　陈王丽　谭　旭　张晓霞
谢　涓　李志斌　刘定心　张　庆
罗雨轩　李　涛

前　言

天问可即，志在无垠。

自古以来，中华民族便以其独有的浪漫情怀与深邃哲思，仰望星空，追问苍穹。“遂古之初，谁传道之？上下未形，何由考之……”，从屈原《天问》中那穿越千年的思索，到天问一号成功着陆火星的壮举，中华民族问天求索的步伐从未停歇，并逐渐在新时代的浪潮中愈发璀璨。

火星，这颗遥远而神秘的红色星球，以其与地球最具可比性的结构、环境及空间位置，成为人类深空探测的热点。中国的首次火星探测任务“天问一号”，以史无前例的壮举，一次实现火星环绕、着陆和巡视三大目标，铸就了中国航天事业又一座巍峨丰碑，更彰显了中华民族勇于开拓、敢于创新的非凡勇气与能力。

天问一号迄今已飞行超过 1500 天，圆满完成了所有既定探测任务，目前仍源源不断地传回火星科学数据，不仅成就了一次精彩的火星之旅，

更以其丰富的探测成果不断刷新人们对火星的科学认知。

本书将通过翔实的资料、简洁的叙述、精美的图片，带领大家循着天问一号的足迹，走进遥远而迷人的火星世界。从运载火箭一飞冲天的轰鸣，到探测器穿越星际的孤勇；从整器精确进入火星轨道的千钧一发，到着陆舱精准着陆火星表面的惊心动魄；从睁眼看火星第一幅全景图像传回的惊艳，到火星车驶上火星表面的悸动，每一个瞬间都向世界展示着中国航天的智慧与风采。

支持祝融号火星车完成巡视探测任务后，天问一号环绕器进入全球遥感轨道，仅用 8 个月时间即获取了百分之百覆盖火星表面的真彩色图像数据。我国科学家夜以继日地制作出分辨率为 76 米的火星全球彩色影像图，为世界贡献了覆盖最完整、影像最清晰的真彩色火星科学底图，以独有的中国智慧与中国方案为人类研究火星做出中国贡献。本书以这幅火星

全球彩色影像图为蓝本，精选了 80 幅天问一号拍摄的高分辨率全色图像和中分辨率彩色图像，直观展示了国际天文学联合会（IAU）确定的 29 种火星地形，并对这些地形的形貌特征、可能成因及其命名来源进行扼要解读。同时，选择火星特殊地质构造或地貌单元，进行全景展示和介绍。

基于天问一号获取的祝融号着陆区高分辨图像，我国科学家识别了火星上 22 处未曾命名的地理实体，并用中国的历史文化名村名镇予以命名，将中国标识永久刻印在火星大地上。这些中国文化符号，如同穿越时空的信使，将今日中国航天的腾飞与中华民族的悠久历史连接起来，向全世界展示这份来自东方的独特魅力。本书对这 22 个火星地理单元的形貌进行了详细展示，并一一讲述了这些名称背后的历史文化故事。

本书以图为主，图文并茂，全景式呈现了天问一号任务及其取得的火星形貌探测成果。所有图文均源于天问一号任务单位提供的一手资料，所有火

星影像图均按照科学标准制作，配套的文字介绍均由专业人士依据学术规范编写，同时还兼顾了普通爱好者的阅读习惯。本书既可以作为专业研究人员的基础参考，又可以作为广大航天爱好者和天文爱好者的伴手读物。

在本书即将付梓之际，向始终支持、关心本书编写工作的国防科工局探月与航天工程中心，中国科学院国家天文台、光电技术研究所、长春光学精密机械与物理研究所、上海技术物理研究所，中国运载火箭技术研究院，中国空间技术研究院，上海航天技术研究院，北京航天飞行控制中心，北京跟踪与通信技术研究所，北京特种工程设计研究院，文昌航天发射场等单位致以最诚挚的感谢！

由于作者水平有限，加上时间仓促，不妥之处在所难免，敬请读者批评指正。

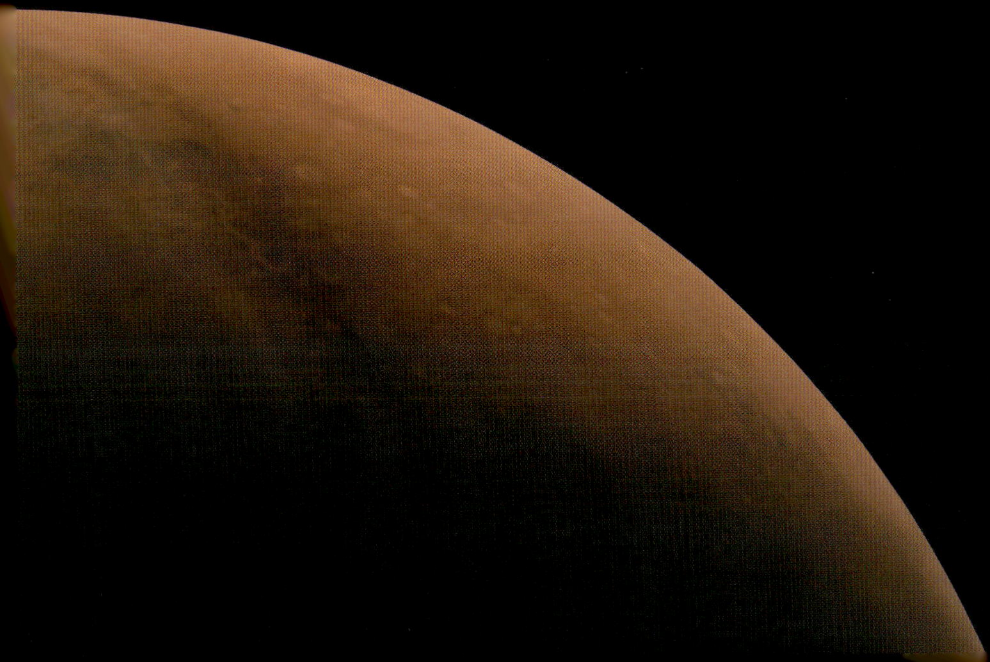

CONTENTS

目录

CONTENTS

天问一号

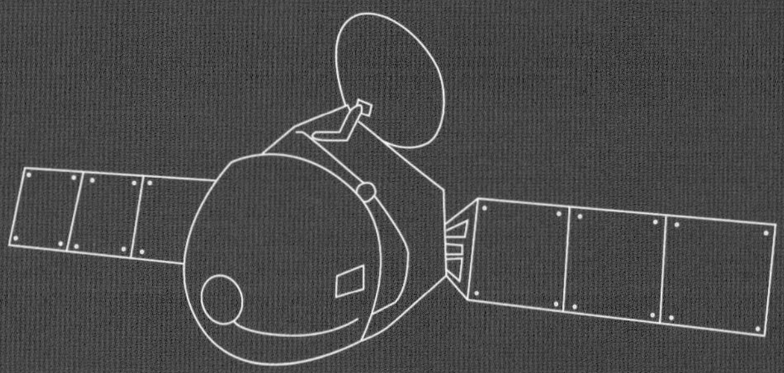

01

中国首次火星探测工程

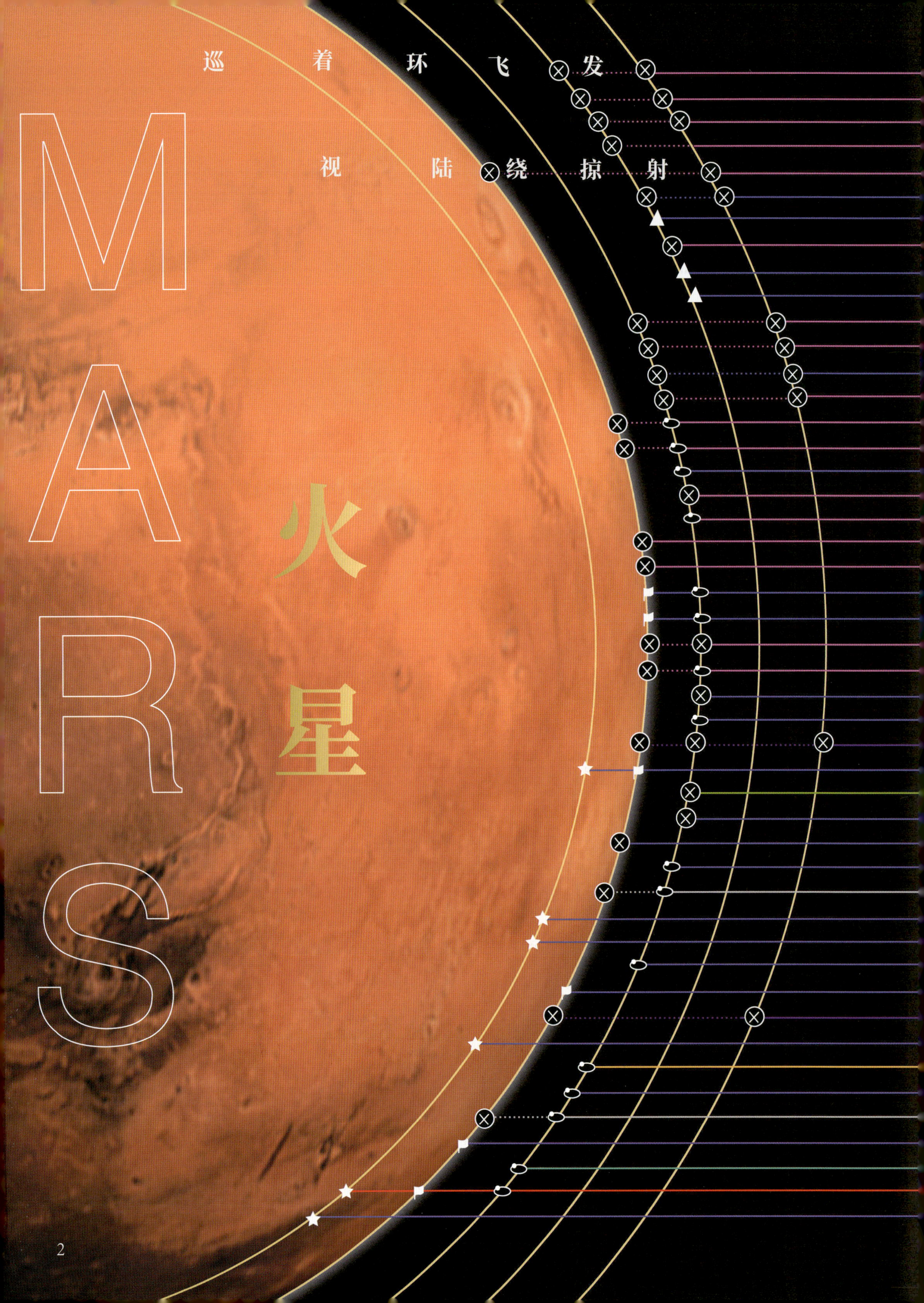
巡 着 环 飞 发
视 陆 绕 掠 射
MARS
火星

世界火星探测

人类跨入航天时代以来，火星一直是深空探测的重点目标，从最初的飞掠探测，逐步发展到环绕遥感探测、着陆器就位探测和火星车巡视探测。随着技术的进步，人们对火星的研究越来越深入，火星的面貌也越来越清晰。

火星1960A	1960
火星1960B	1960
火星1962A	1962
火星1号	1962
火星1962B	1962
水手3号	1964
水手4号	1964
探测器2号	1964
水手6号	1969
水手7号	1969
火星1969A	1969
火星1969B	1969
水手8号	1971
宇宙419号	1971
火星2号	1971
火星3号	1971
水手9号	1971
火星4号	1973
火星5号	1973
火星6号	1973
火星7号	1973
维京1号	1975
维京2号	1975
火卫1号	1988
火卫2号	1988
火星观测者	1992
火星全球勘测者	1996
火星96	1996
火星探路者号	1996
希望号	1998
火星气候轨道器	1998
火星极地着陆器	1999
火星奥德赛号	2001
火星快车号	2003
勇气号	2003
机遇号	2003
火星勘测轨道器	2005
凤凰号	2007
福布斯-土壤	2011
火星科学实验室	2011
曼加里安号	2013
大气与挥发物测器	2013
火星生物学2016	2016
洞察号	2018
希望号轨道器	2020
天问一号	2020
毅力号	2020

1960

水手4号
第一次飞掠探测

1970

水手9号
第一次环绕探测

维京1号
第一次着陆探测

1990

索杰纳号火星车
第一次巡视探测

2000

2010

2020

▲飞掠　环绕　着陆　★巡视　⊗失败

中国　阿联酋
美国　日本
俄罗斯　苏联
印度　欧空局

（左图为1960—2020年人类火星探测任务汇总）

中国首次火星探测

中国首次火星探测任务于 2020 年 7 月 23 日成功发射，历经近 7 个月、4.5 亿千米飞行，天问一号探测器于 2021 年 2 月 10 日抵达火星，实施捕获制动，进入火星环绕轨道；完成着陆区详查后，于 5 月 15 日实施火星着陆，着陆巡视器经过气动减速、降落伞减速、动力减速、着陆缓冲四级减速，成功着陆于火星乌托邦平原南部；祝融号火星车完成环境感知后，于 5 月 22 日驶上火星表面，开始巡视探测。这是世界上首次通过一次任务实现火星环绕、着陆和巡视科学探测，取得了举世瞩目的成功。

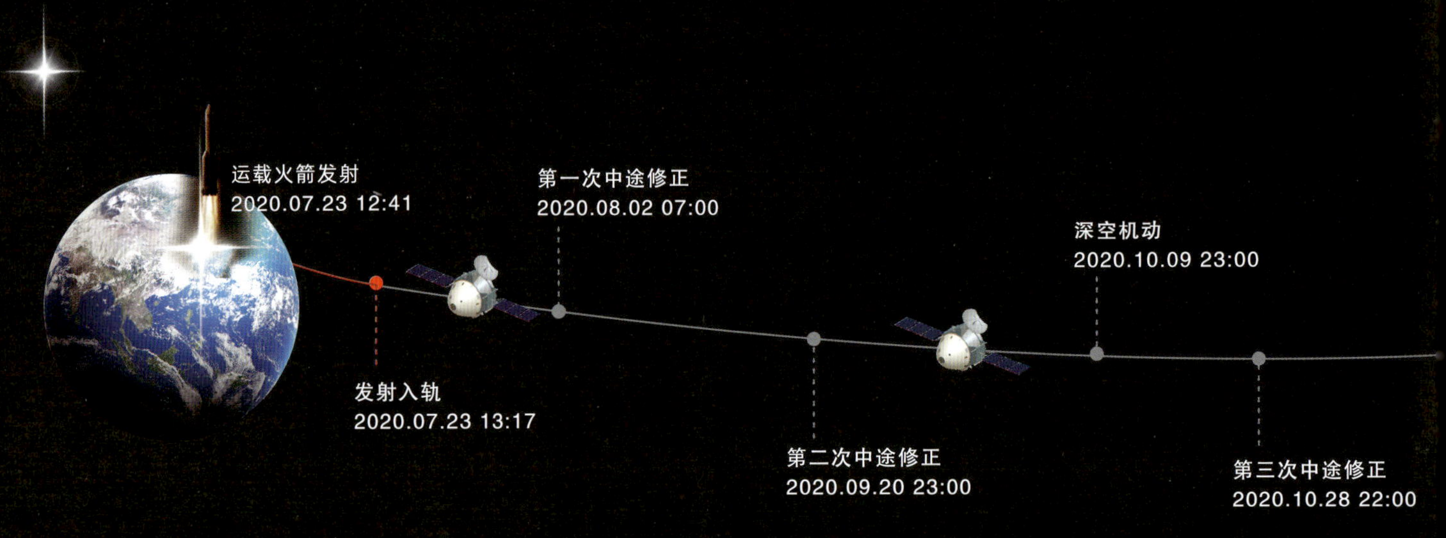

● 天问一号飞行轨道示意图

①探测器捕获制动，进入火星轨道
2021.02.10 19:52

②远火点轨道机动，进入经过火星两极的轨道
2021.02.15 17:00

③近火点轨道机动，调整近火点经过着陆区上空
2021.02.20 19:47

④近火点轨道机动，进入停泊轨道
2021.02.24 06:29

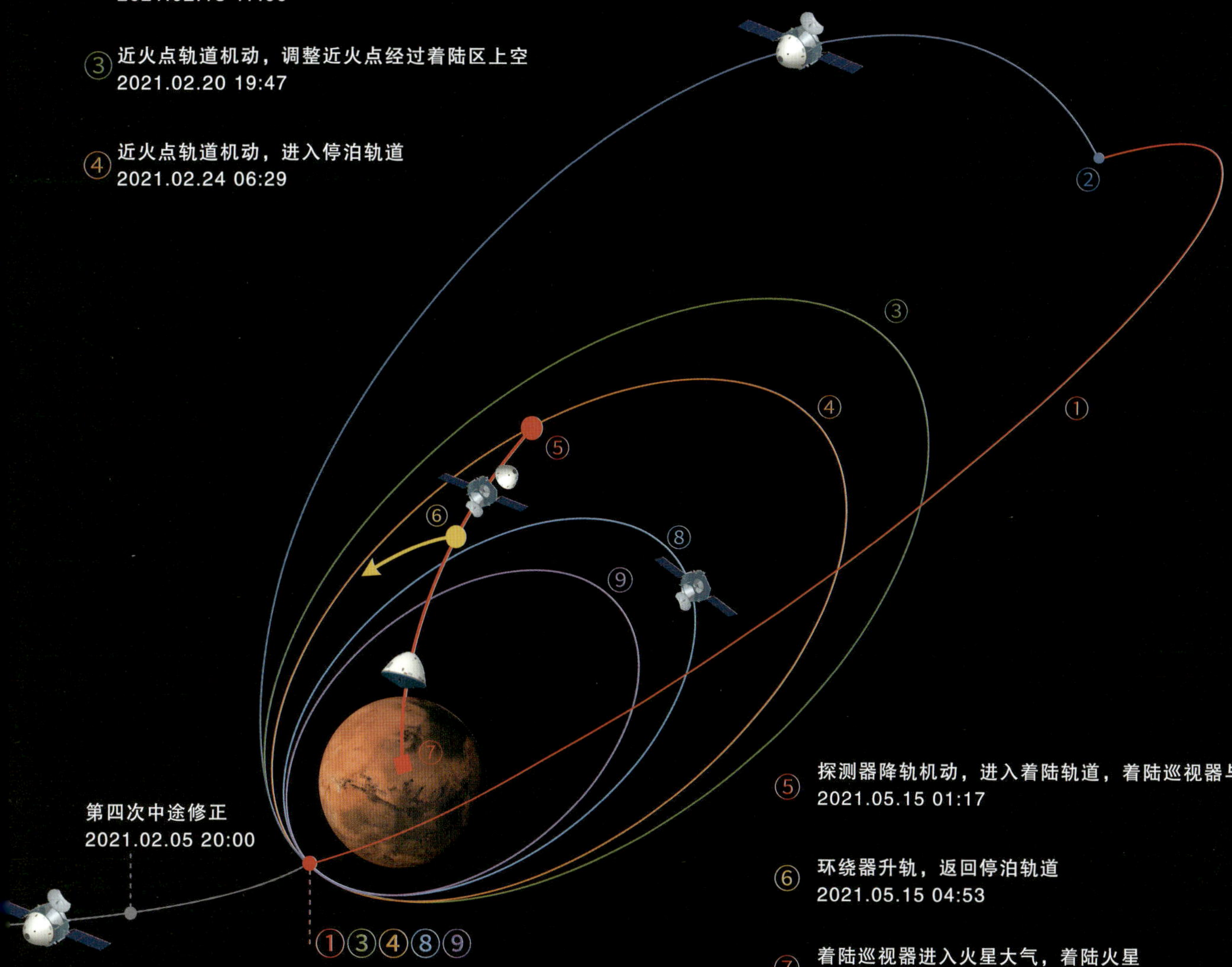

⑤探测器降轨机动，进入着陆轨道，着陆巡视器与环绕器分离
2021.05.15 01:17

⑥环绕器升轨，返回停泊轨道
2021.05.15 04:53

⑦着陆巡视器进入火星大气，着陆火星
2021.05.15 07:18

⑧环绕器进入中继轨道
2021.05.17 08:15

⑨环绕器进入遥感轨道
2021.11.08 19:25

天问一号探测器深空飞行

2020 年 9 月 16 日，天问一号探测器在距离地球约 1700 万千米处，抛出一个分离相机进行自拍。分离相机以大约 0.2 米/秒的速度远离探测器，并对天问一号不断进行拍照，图像通过 WIFI 信号传给探测器，再转发回地面。该图是国际上第一幅以第三视角展示的航天器在太空实际飞行的全景图，闪耀在深空的五星红旗格外醒目。

天问一号探测器

Tianwen-1 probe

中国首颗火星探测器命名为“天问一号”，源于屈原的长诗《天问》，表达了中华民族对追求真理的坚韧与执着，体现了对自然和宇宙空间探索的文化传承，寓意探求科学真理征途漫漫，追求科技创新永无止境。

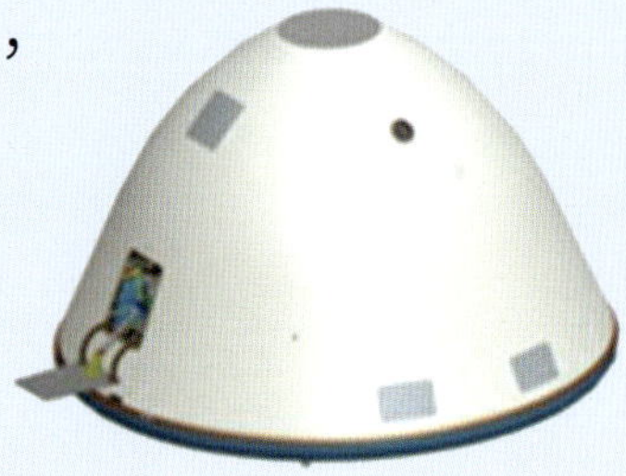

展配平翼

两器分离状态

地火转移、环火停泊

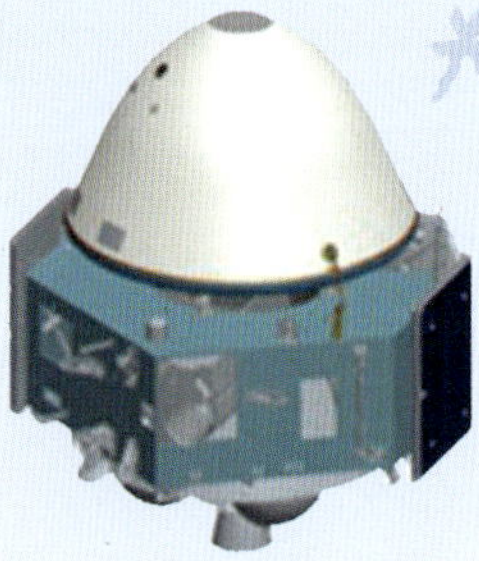

发射

● 天问一号火星探测器由着陆巡视器和环绕器组成。发射状态质量 5012 千克，最大圆周直径 4.5 米，高 5.3 米。

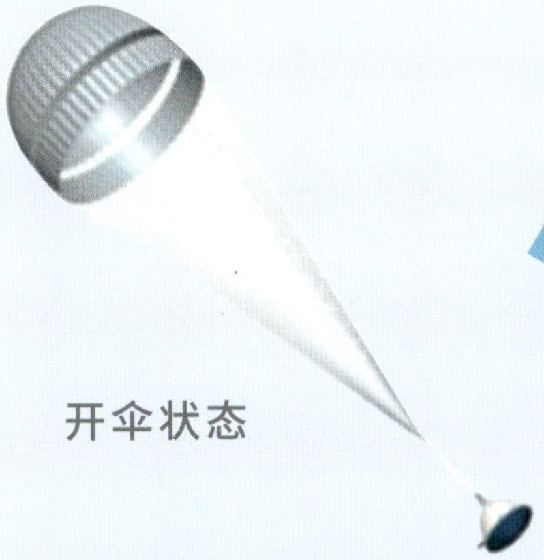

开伞状态

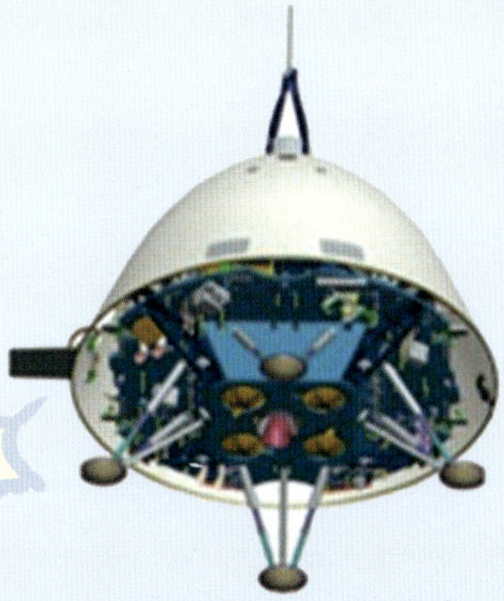

抛大底后缓冲机构展开

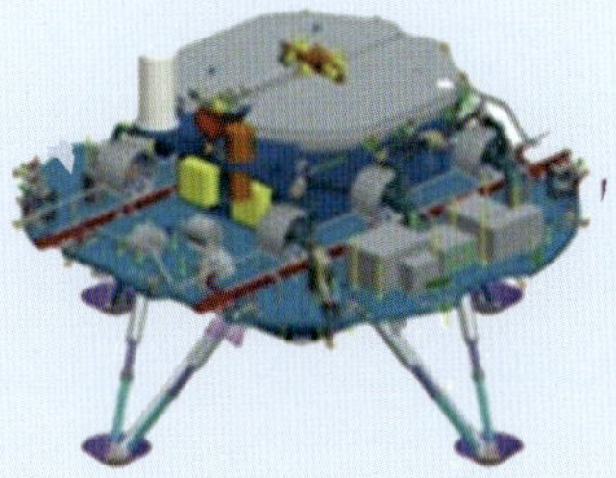

抛降落伞与背罩

火星车驶离

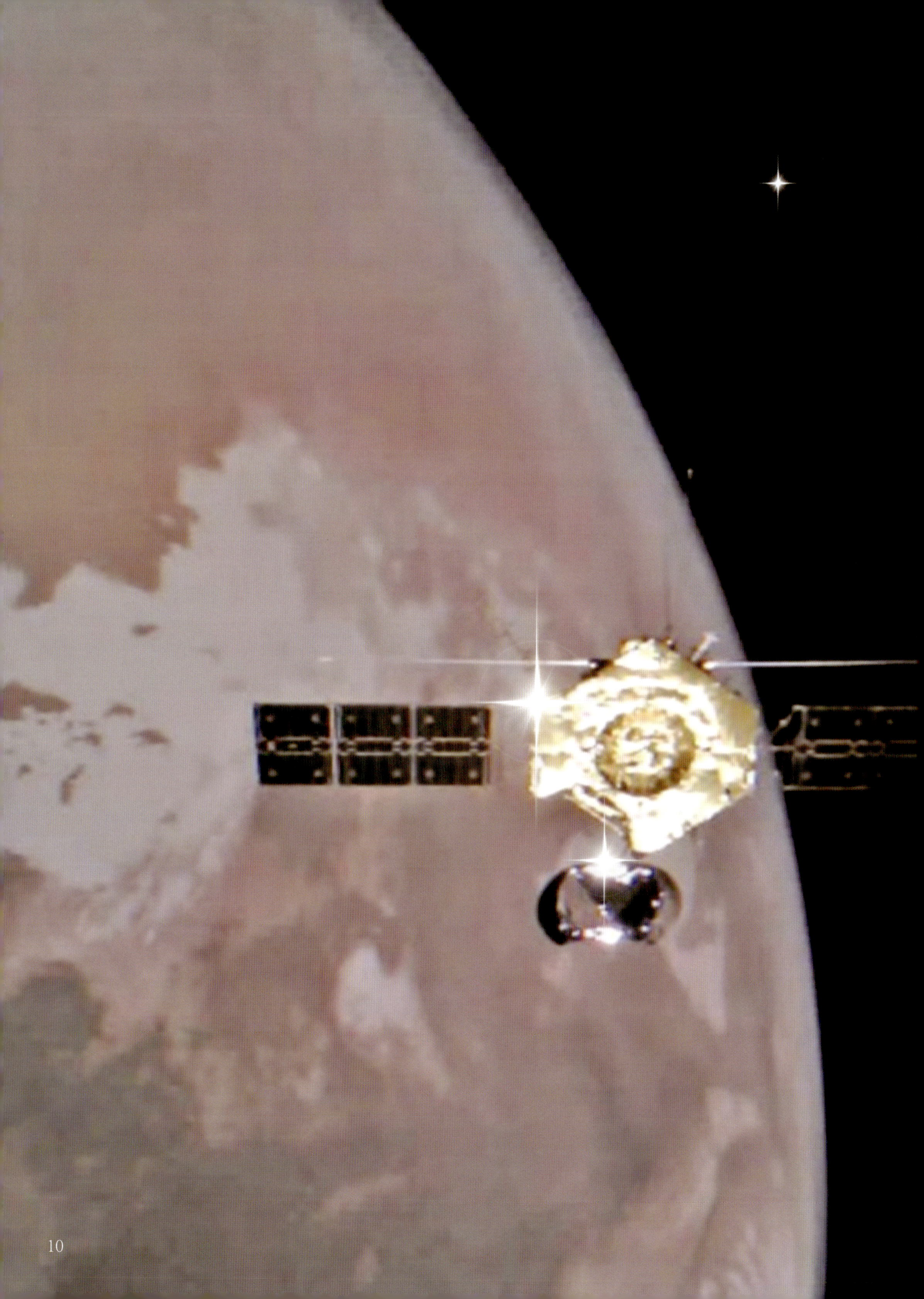

环绕器

Orbiter

环绕器为最大直径 4.5 米、高 3.35 米的六面柱体结构，质量 3720 千克，主要任务是执行地球到火星转移、火星捕获制动、为着陆巡视器提供着陆初始条件等飞行和控制，完成火星全球遥感探测，并为火星车提供通信中继。

环绕器科学载荷

Scientific payloads of the orbiter

环绕器利用携带的中分辨率相机、高分辨率相机、次表层探测雷达、矿物光谱分析仪、磁强计、离子与中性粒子分析仪、能量粒子分析仪 7 台先进的科学仪器，开展火星全球遥感科学探测。

● 矿物光谱分析仪

测物质

● 中分辨率相机

成像

● 高分辨率相机

成像

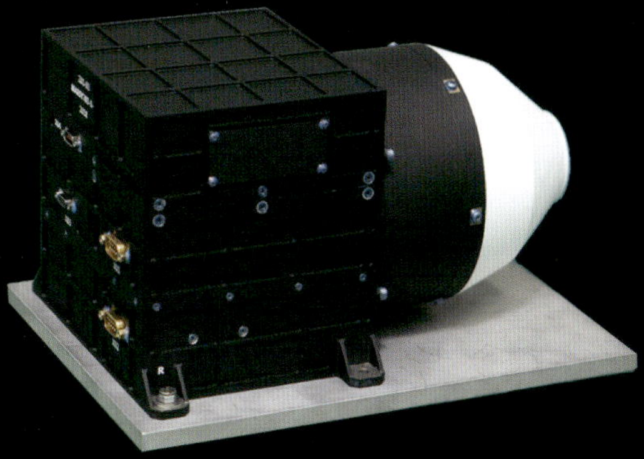

● 能量粒子分析仪

测空间环境

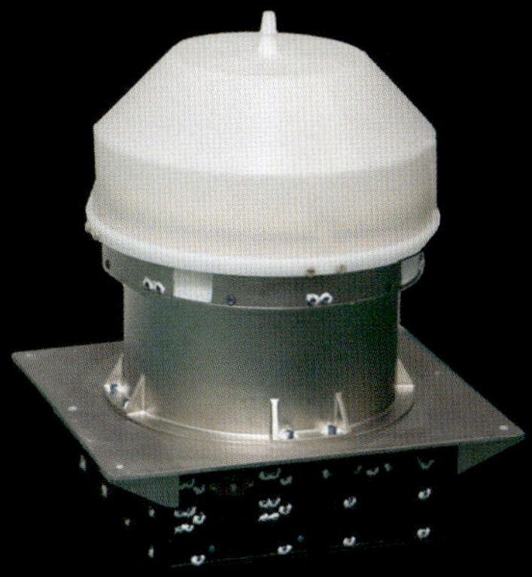

● 离子与中性粒子分析仪

测空间环境

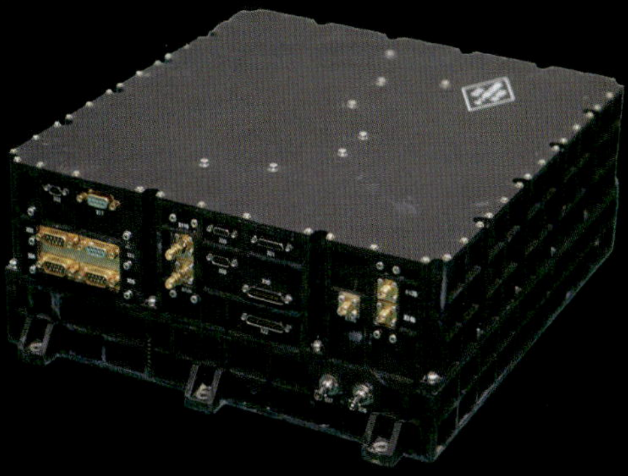

● 次表层探测雷达

测内部结构

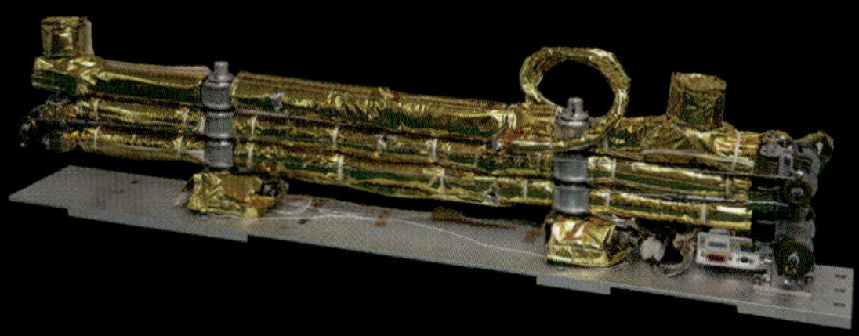

● 磁强计

测空间磁场

着陆巡视器

Lander & Rover

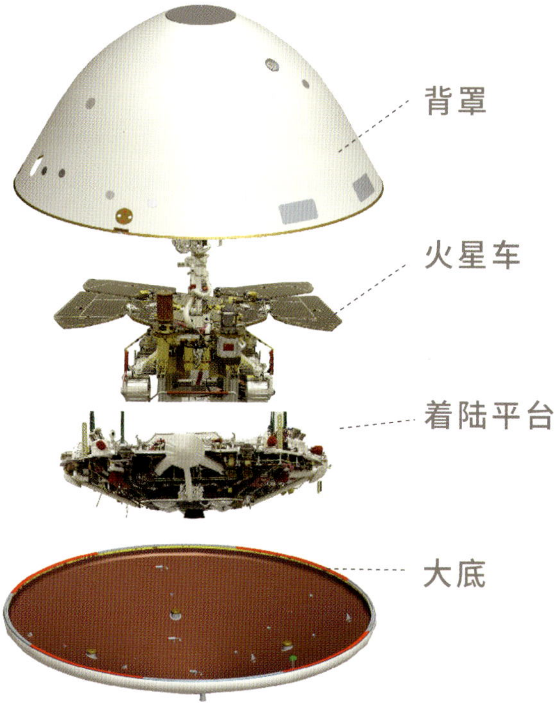

着陆巡视器包括进入舱和祝融号火星车。进入舱由大底、背罩和着陆平台构成，为直径 3.4 米、高 2.7 米的短钝体构型，总质量为 1292 千克。

其主要任务是进入火星大气，通过气动减速、降落伞减速、动力减速和着陆缓冲，软着陆于火星表面。随后，搭载的火星车驶上火星表面开展巡视科学探测。

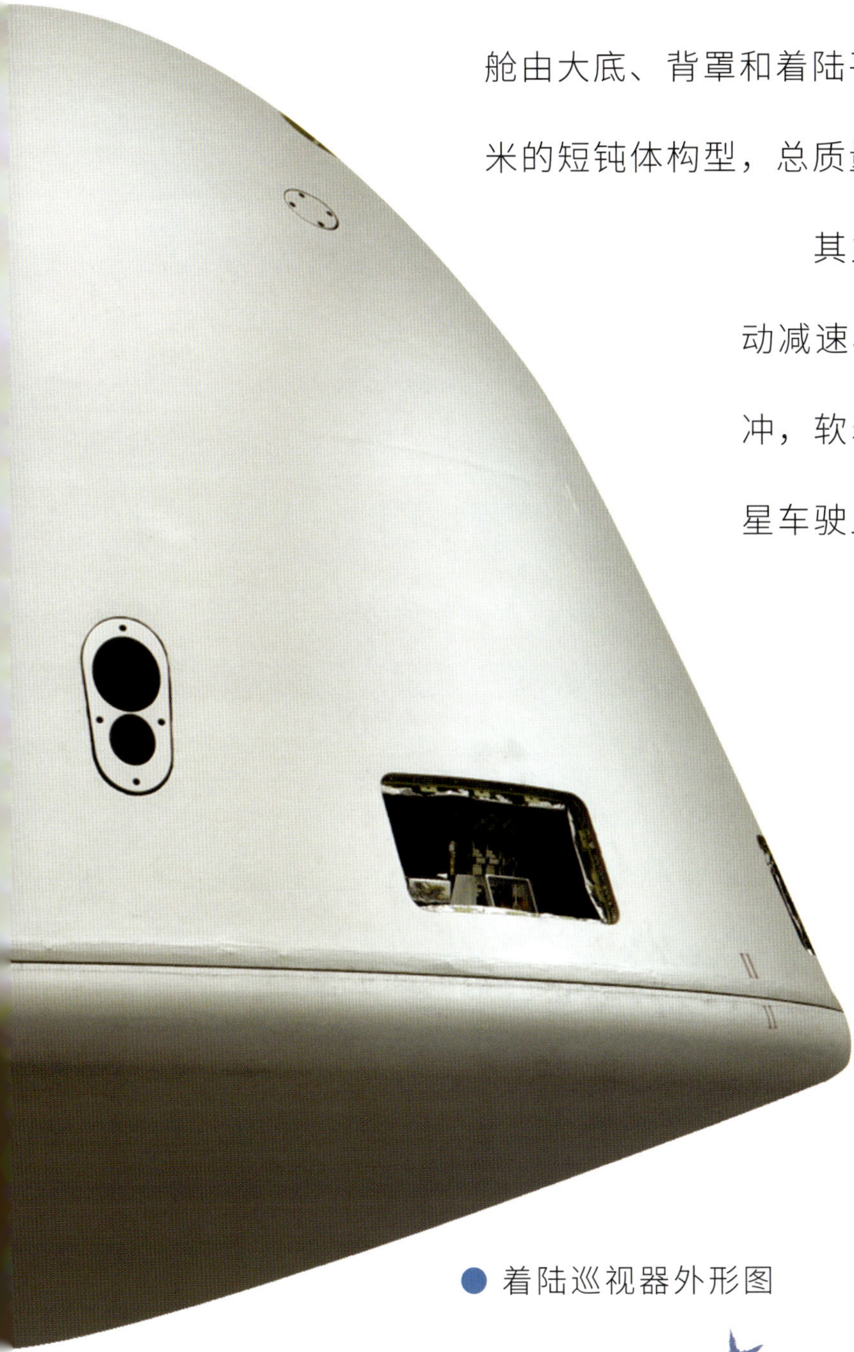

着陆巡视器外形图

火星车

Rover

中国首辆火星车命名为“祝融号”。祝融在中国神话传说中被尊为最早的火神，象征着祖先用火照耀大地，带来光明。将火星车命名为“祝融”，取火神祝融登陆火星的意思，寓意点燃中国行星探测的火种，指引人类对浩瀚星空、宇宙未知的持续探索和自我超越。

祝融号火星车质量为 240 千克，展开状态长 3.43 米、宽 3.18 米，总高 1.85 米，采用可升降的主动悬架，6 轮独立驱动、独立转向，除正常行驶外，还具备尺蠖运动、蟹行运动等多种行驶模式，具有较强的越野机动能力。

火星车科学载荷

Scientific payloads of the rover

火星车利用其携带的火星表面成分探测仪、多光谱相机、导航地形相机、气象测量仪、磁场探测仪和火星车次表层探测雷达6台科学仪器，在着陆区开展巡视科学探测。

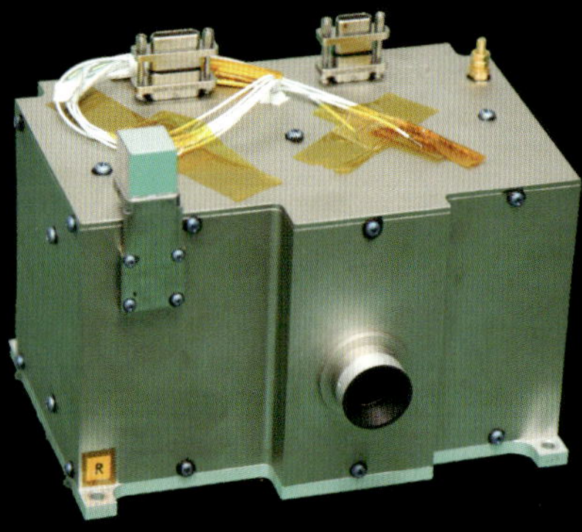

● 多光谱相机

测物质和矿物

● 磁场探测仪

测表面磁场

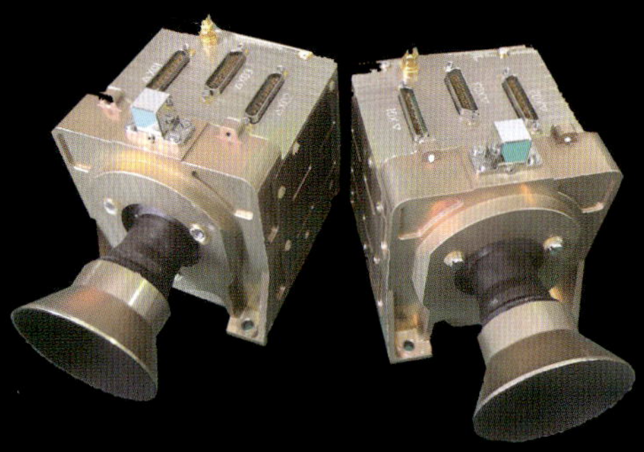

● 导航地形相机

测地形地貌

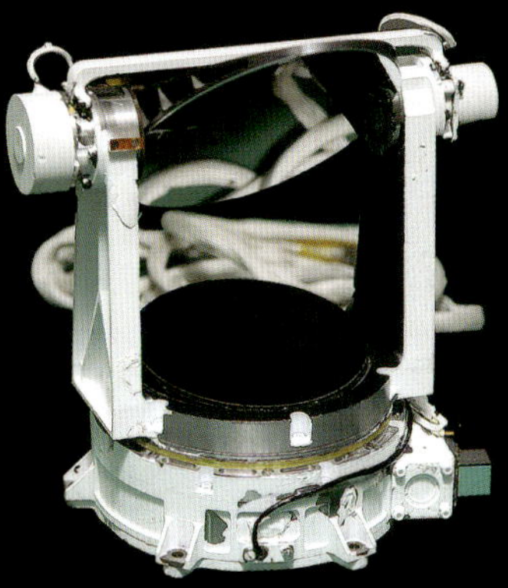

● 表面成分探测仪

测物质和元素

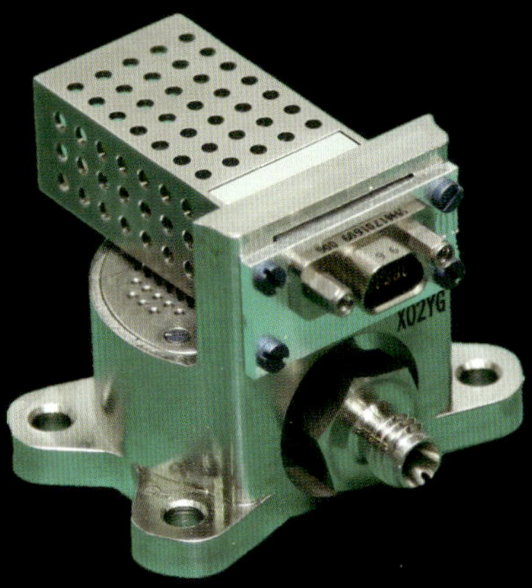

● 气象测量仪

测气象参数

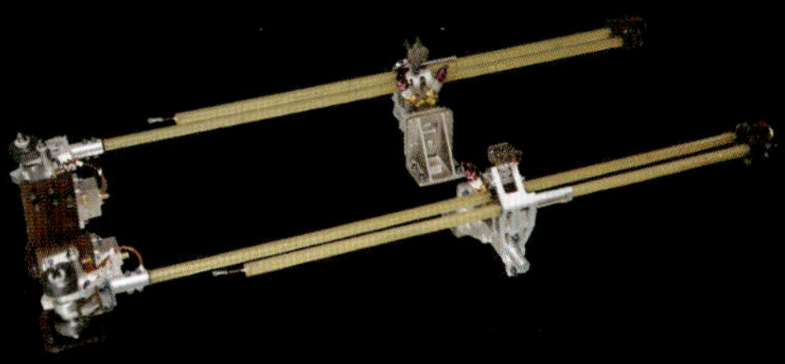

● 次表层探测雷达

测地下分层结构

长征五号运载火箭
中国航天
LONG MARCH
CZ-5
坚定航天报国志向
坚定航天强国信念

Carrier rocket

运载火箭

天问一号任务选用目前我国运载能力最强的长征五号运载火箭，其可将重达 5 吨的天问一号探测器送达地火转移轨道入口。

长征五号运载火箭由两级芯级火箭（直径 5 米）捆绑四枚助推器（直径 3.35 米）构成，属于两级半的构型。全长约 57 米，起飞质量约 870 吨，起飞推力超过 1000 吨，近地轨道运载能力接近 25 吨，被网友亲切地称为“胖五”。“胖五”的芯级推进剂为－183℃的液氧和－253℃的液氢，所以又被称为“冰箭”。

Carrier rocket

文昌航天发射场

文昌航天发射场位于海南省文昌市，是我国纬度最低（北纬 19.6°）的航天发射场。赤道上地球自转线速度约为 465 米/秒，纬度 60°的地方线速度只有约 233 米/秒，因此发射小倾角轨道的深空探测器时，越靠近赤道，“借用”地球自转所获得的初速度越大。

Wenchang space launch site

Deep space telemetry, tracking and control network

深空测控网

测控网被誉为“太空守望者”，如果把天问一号比喻为风筝，深空测控网就是我们手中的那根风筝线。

为了发展深空探测事业，我国建成了全球布局的**深空测控网**，主要包括北京航天飞行控制中心，佳木斯站、喀什站和位于南美洲的阿根廷站三个深空站。为了解决火星探测任务中 4 亿千米的远距离测控问题，天问一号任务在喀什站新建了三面 35 米口径天线，与原有的一面 35 米口径天线组成天线阵系统，可达到与佳木斯 66 米口径天线相当的测控能力。

● 喀什深空测控站

地面应用系统

Ground application system

地面应用系统主要负责科学探测计划制定，有效载荷运行管理，科学数据接收、处理、解译和管理，组织开展科学数据应用与研究。为解决火星探测任务中 4 亿千米的远距离科学数据高效传输问题，天问一号任务在天津武清新建了一面 70 米口径天线，为目前亚洲最大的全可动数据接收天线，与原有的北京密云 40 米和 50 米口径天线、云南昆明 40 米口径天线进行异地组阵接收，使我国数据接收能力达到世界先进水平。

● 武清70米数据接收天线

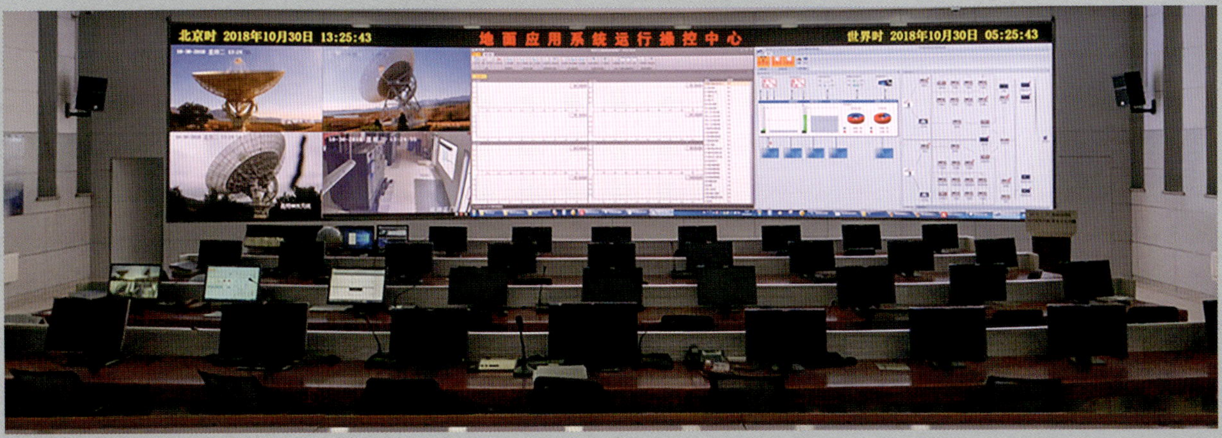

● 科学运控中心

● 科学数据中心

● 密云50 米和40 米数据接收天线

中国航天

发射

Launch

2020 年 7 月 23 日，长征五号遥四运载火箭在文昌航天发射场将天问一号探测器准确送入地火转移轨道入口，开启中国行星探测的新征程。这是长征五号运载火箭首次执行应用型发射任务，也是我国首次地球逃逸轨道（超过第二宇宙速度）发射任务。本次发射任务圆满实现了“准时发射、精确入轨”的目标。

● 地月合影

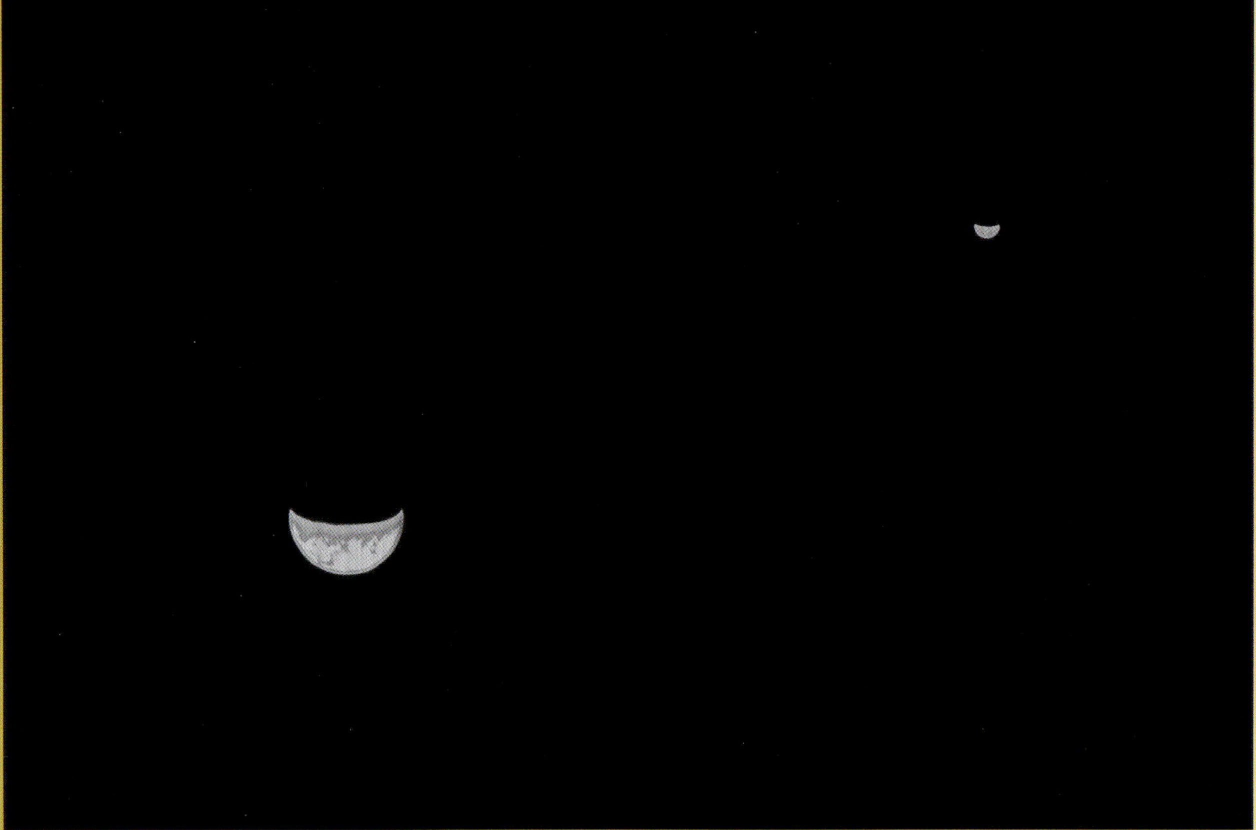

Mid-course corrections

中途修正

为纠正由各种扰动影响带来的飞行偏差，使探测器沿着预定的轨道飞行而进行的轨道控制称为**修正**。天问一号探测器在 7 个月的奔火飞行期间共实施了 4 次中途修正。

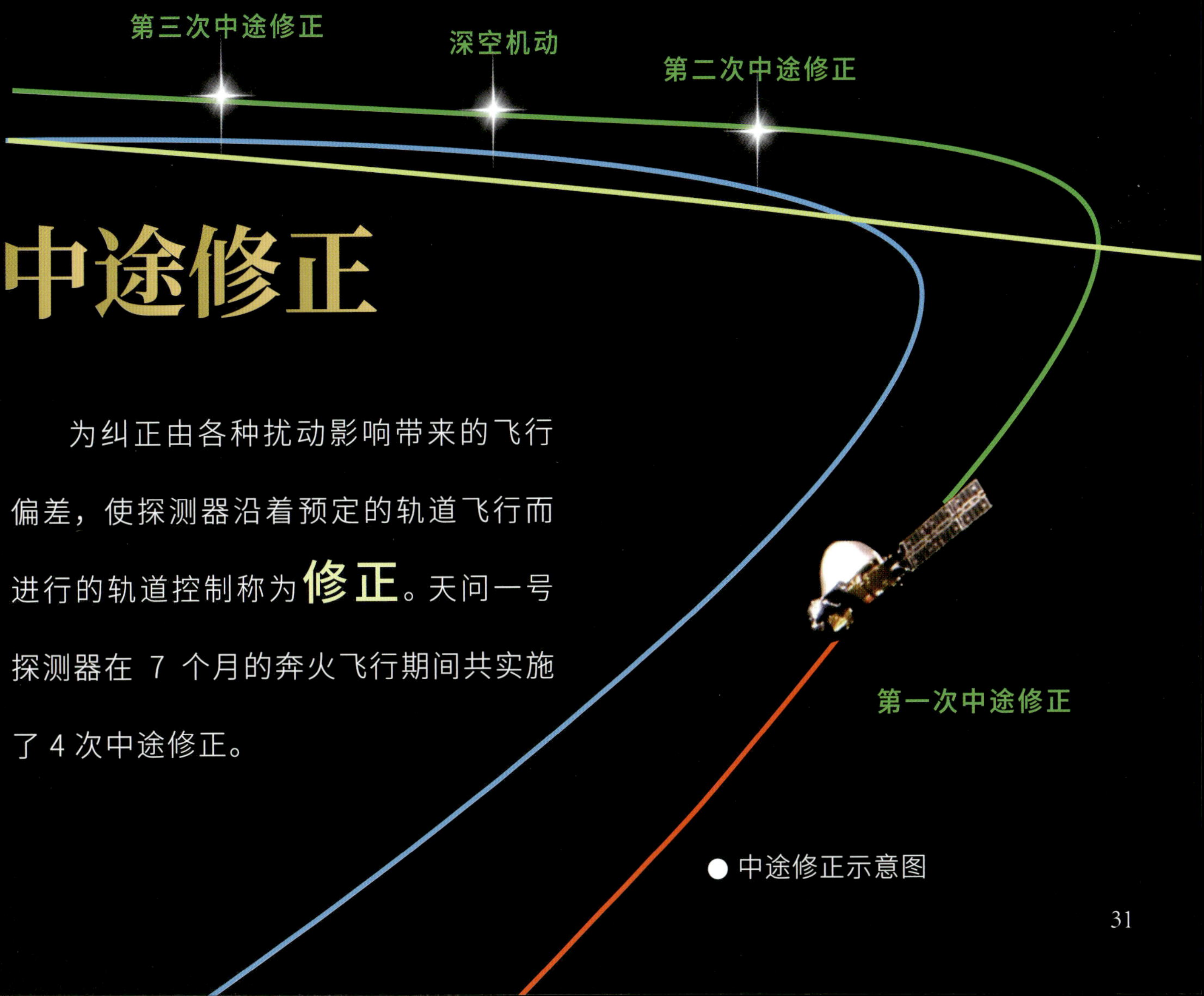

● 中途修正示意图

深空机动

Deep space maneuver

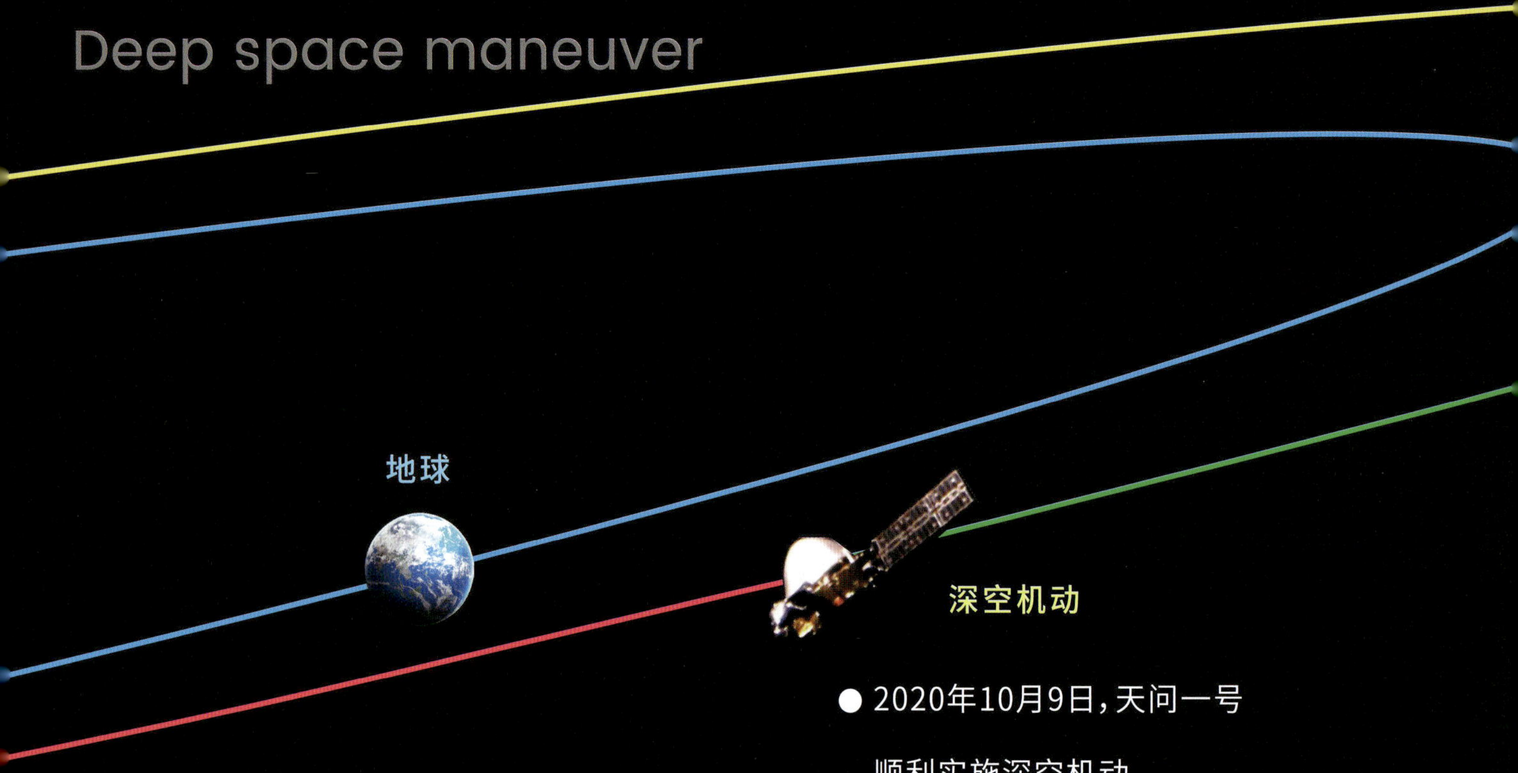

● 2020年10月9日，天问一号顺利实施深空机动

由于地球和火星均围绕太阳高速运动，地球发射时的任何偏差都会导致探测器与火星交会时刻、位置的变化。为应对发射时气象条件的不确定性，**天问一号发射窗口**确定为连续 14 天、每天 30 分钟。如不采取措施，发射的不确定性会使轨道设计和飞行控制的实施变得十分复杂。

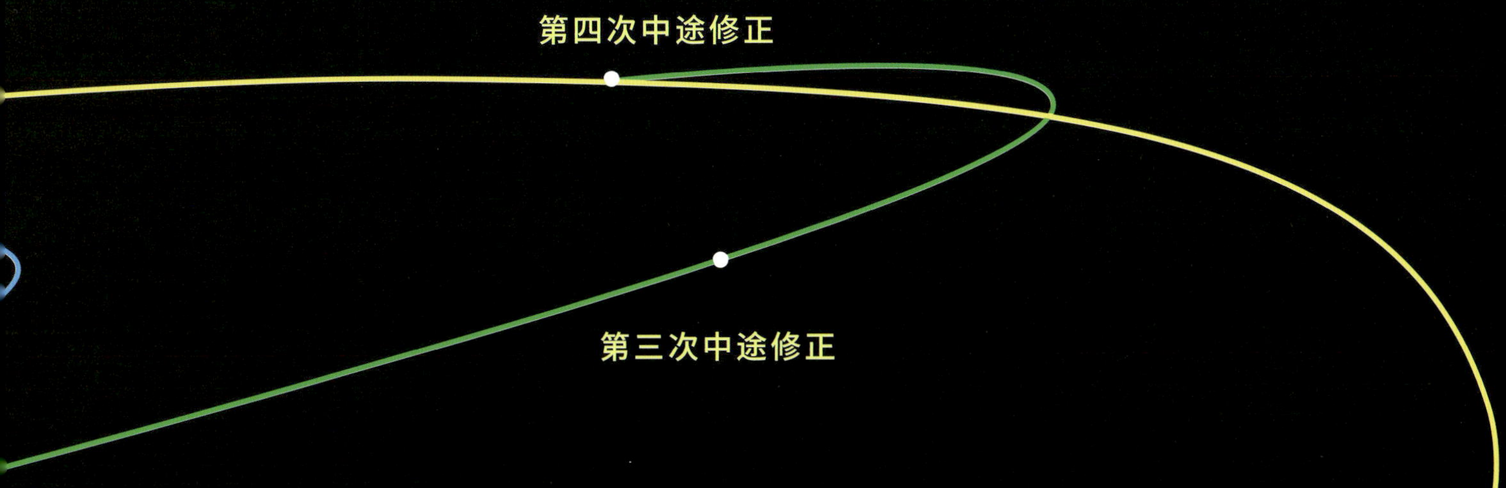

为此，在奔火飞行过程中选择适当的时机实施一次可灵活调整的轨道控制，可以保证在发射窗口期内任一时间发射，探测器均能在同一时间和位置到达火星，这次特殊的轨道控制称为**深空机动**。2020 年 10 月 9 日，天问一号顺利完成深空机动，按计划沿预先设计的轨道飞向火星。

Close-up of Mars

火星特写

2021 年 1 月 31 日，天问一号探测器即将与火星交会时，在距离火星约 220 万千米处，使用高分辨率相机拍摄了首张火星照片，可以清晰地看到火星表面的阿茜达利亚平原、克律塞平原、子午高原、斯基亚帕雷利坑、水手谷等标志性地貌。

捕获制动

Capture and brake

天问一号与火星交会时的速度超过火星的逃逸速度（第二宇宙速度），需要探测器实施一次减速，将其速度降至火星的逃逸速度和环绕速度（第一宇宙速度）之间，以使探测器被火星引力场捕获，进入火星环绕轨道，这次减速称为火星**捕获制动**。火星捕获制动只有一次机会，减速的力道需要精准控制，减速过少则不能实现捕获，探测器会从火星身边“逃逸”；减速过多会使其速度低于火星环绕速度，探测器将撞向火星。

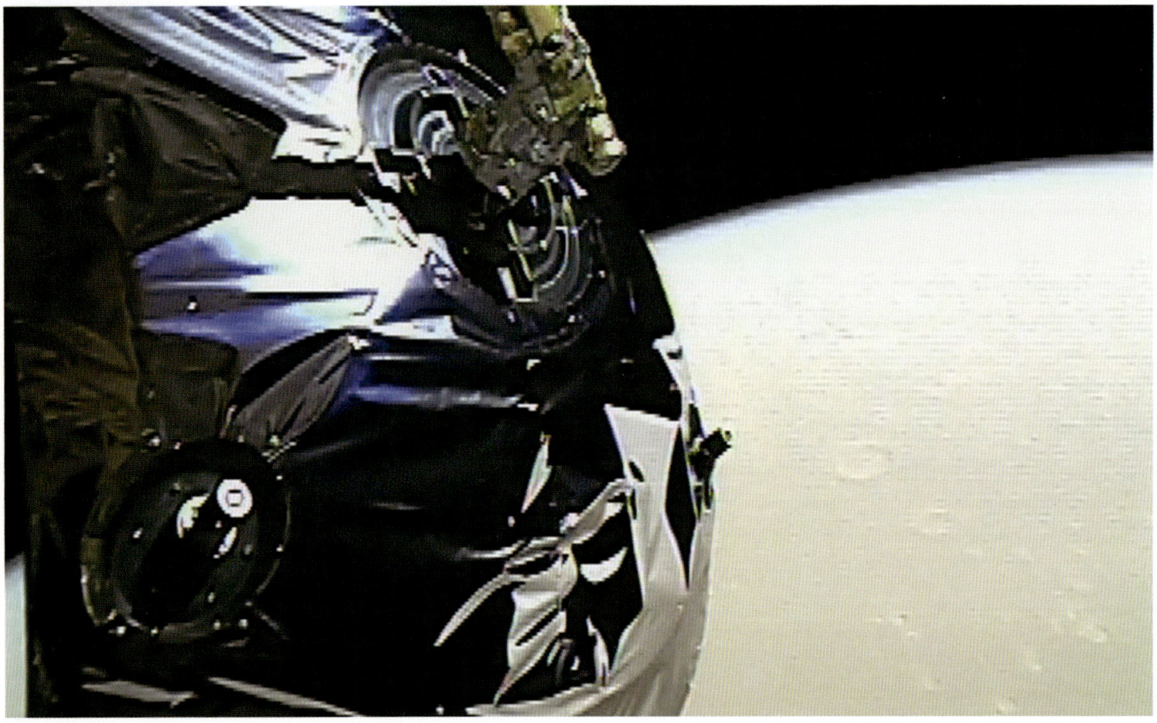

● 定向天线监视相机拍摄

● 3000N发动机点火制动

火星制动捕获时，天问一号距离地球 1.93 亿千米，单向通信时延达到 10.7 分钟，地面无法对制动过程进行实时监控，只能依靠探测器自主执行。**2021 年 2 月 10 日**，天问一号顺利完成火星捕获制动，进入近火点高度约 400 千米、周期约 10 个地球日、倾角约 10°的大椭圆环绕火星轨道，成为**我国第一颗人造火星卫星**。

着陆区详查

Detailed survey of the landing zone

天问一号是我国首次火星探测任务，此前我国没有预选着陆区的高分辨率图像，无法得知着陆区的精细地形。

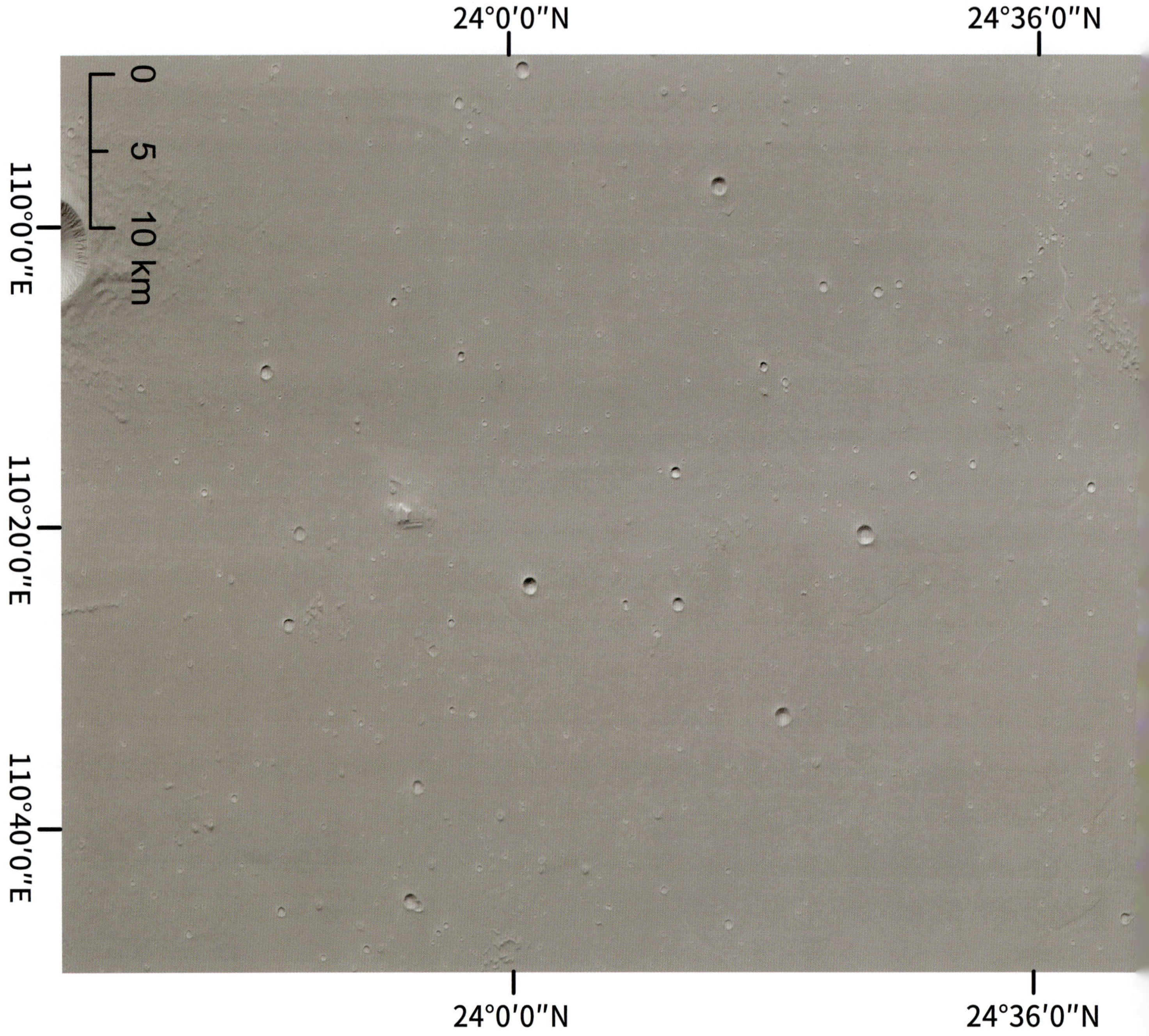

为保证着陆成功，天问一号在火星停泊轨道上，利用携带的高分辨率相机等科学载荷对预选着陆区开展了详细探测，获取了 150 千米 ×60 千米范围 0.7 米分辨率图像，对着陆区微观地形进行详细识别，并最终选定了着陆点，即图中标记“+”的位置。

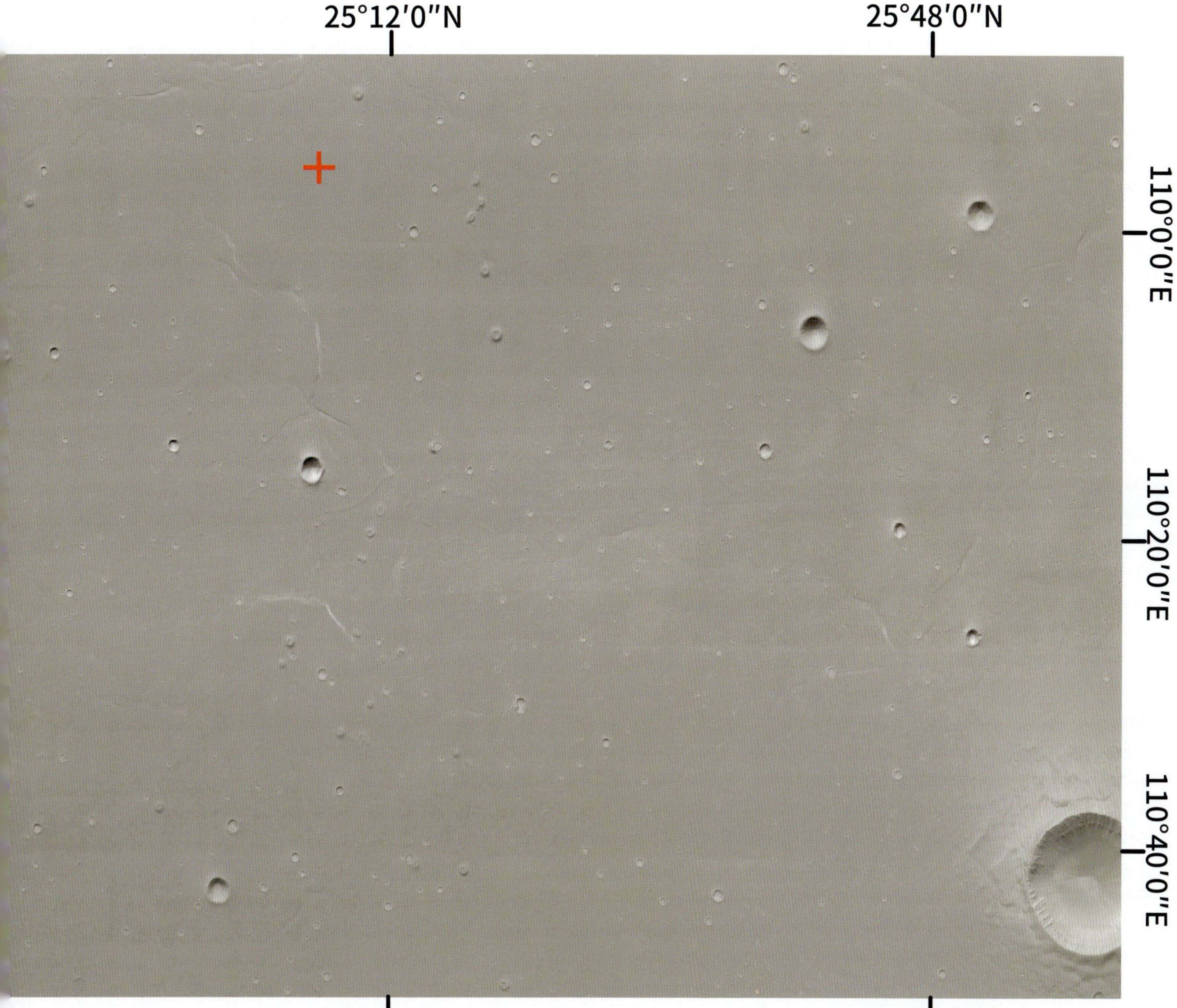

Detailed close-up

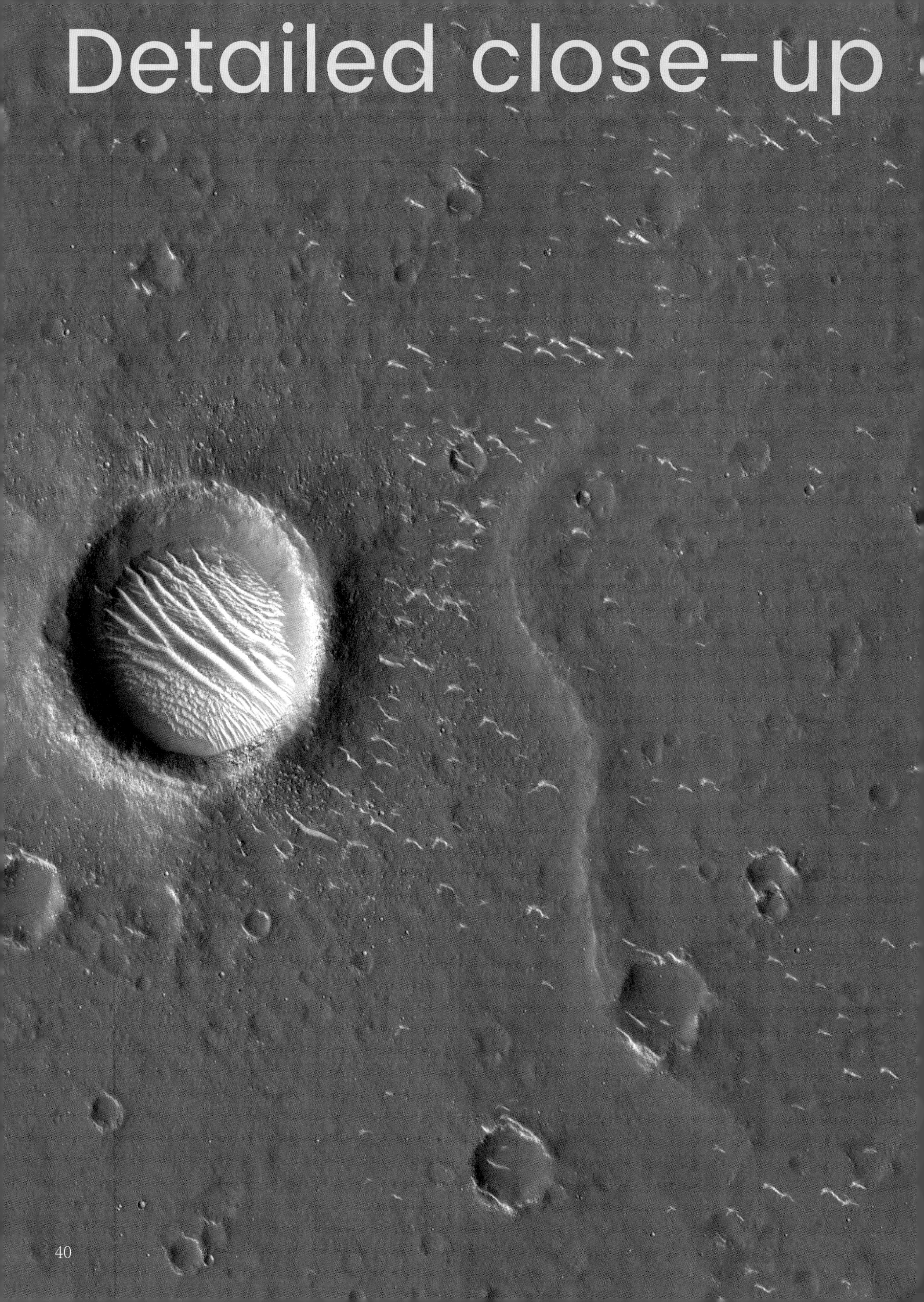

着陆区细节

火星表面小型环形坑、山脊等地貌纹理清晰，细节丰富，图中最大撞击坑直径约 620 米，撞击坑内外的亮条纹为沙丘地貌。

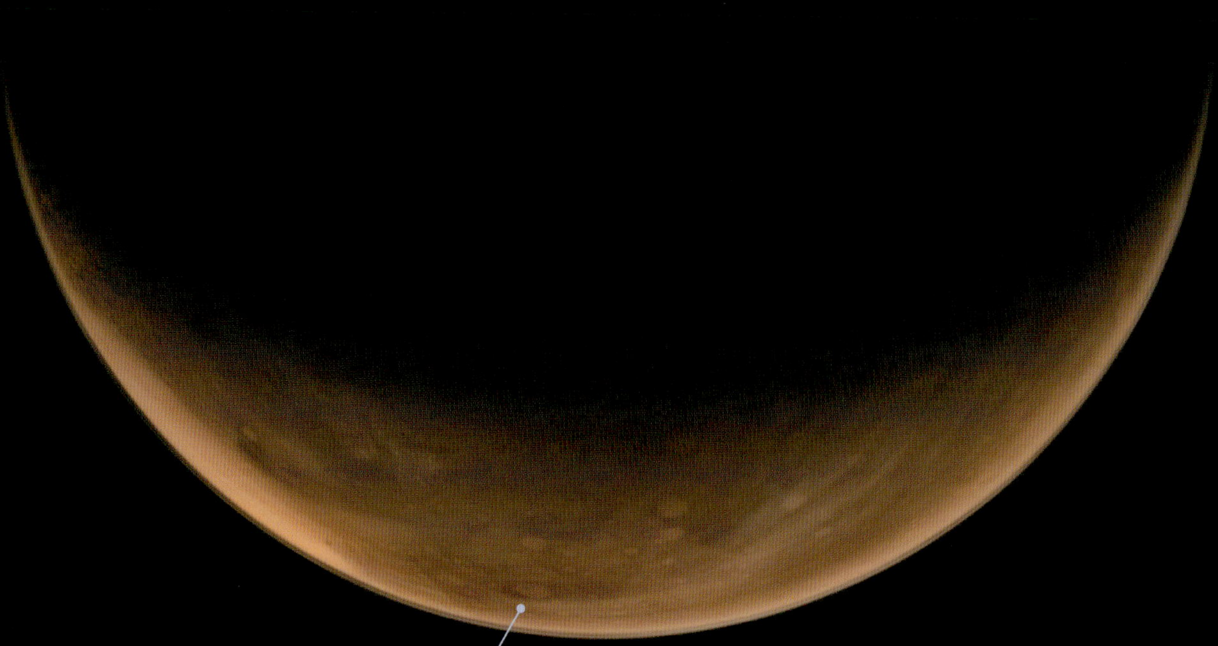

火星南半球影像

火星北半球影像

Overlook above the north and south poles

两极眺望

2021 年 3 月 16 日和 18 日，

环绕器在距离火星约 1 万千米的南、北极上方，使用中分辨率相机拍摄的南、北半球影像。拍摄时太阳处于相机的侧逆光方向，火星均呈“月牙状”。

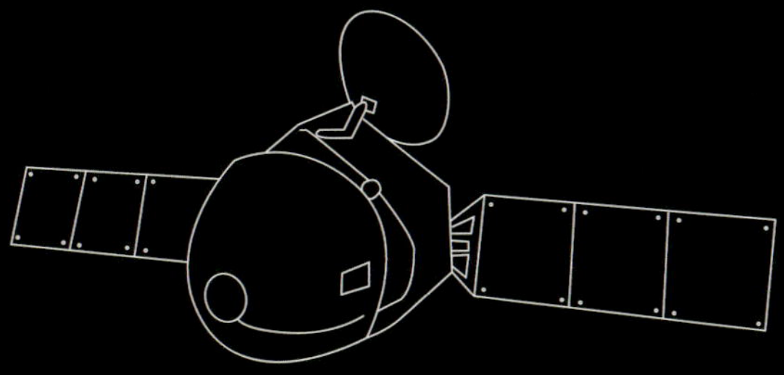

Separation of lander-rover complex and orbiter

两器分离

2021 年 5 月 15 日凌晨，天问一号实施降轨机动，将轨道调整为火星进入轨道，为着陆巡视器建立着陆初始条件。随着火星着陆窗口的打开，天问一号探测器的“两兄弟”做最后的告别——相伴 295 天后，环绕器和着陆巡视器正式分离。随后，环绕器自主实施升轨机动，脱离火星进入轨道（否则将撞击火星），返回停泊轨道。

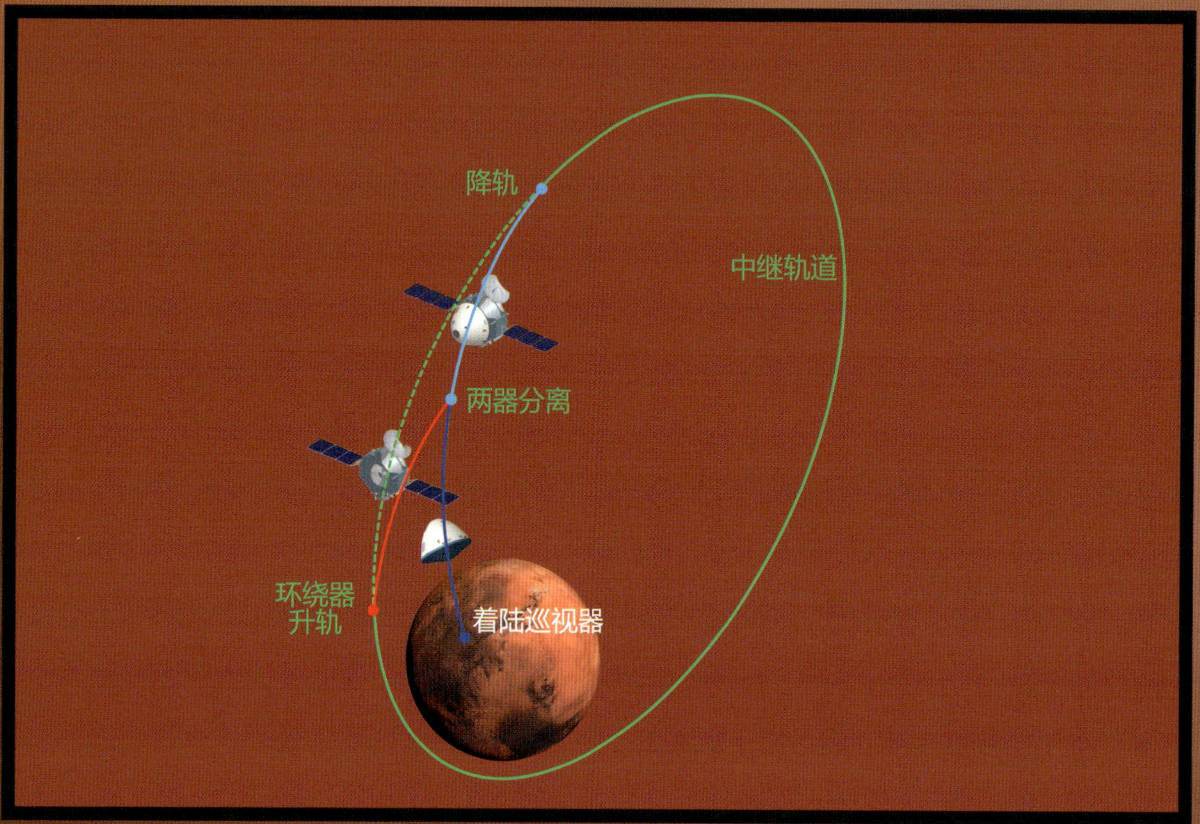

环绕器与着陆巡视器分离示意图

冲向火星

Dash to Mars

与环绕器分离后，

着陆巡视器快速冲向火星，以 4.8 千米 / 秒 的速度（约为“和谐号”高铁时速的 50 倍）进入火星大气。从进入火星大气到着陆火星表面，大约用时 9 分钟，经历气动减速、降落伞减速、动力减速、着陆缓冲四个阶段，过程复杂、动作繁多，环环相扣、步步惊心。

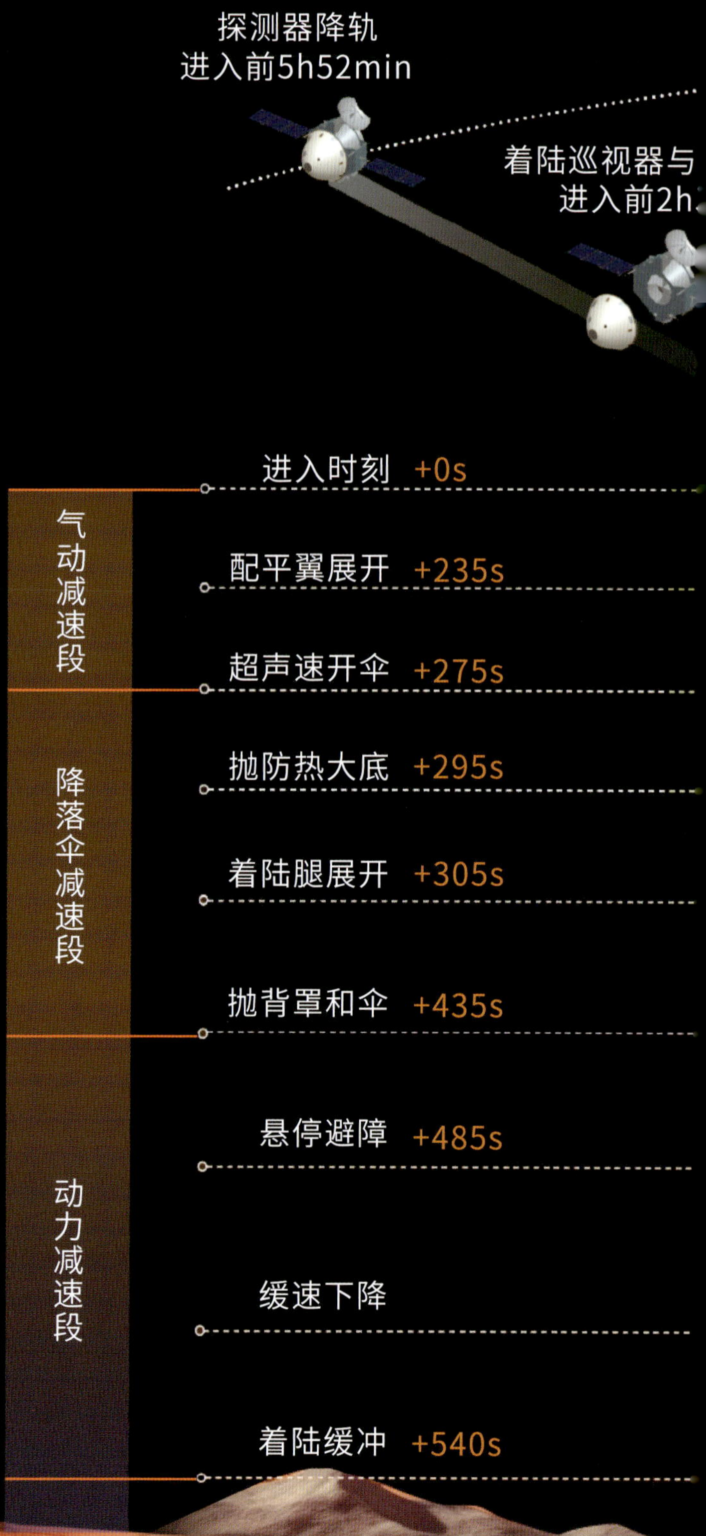

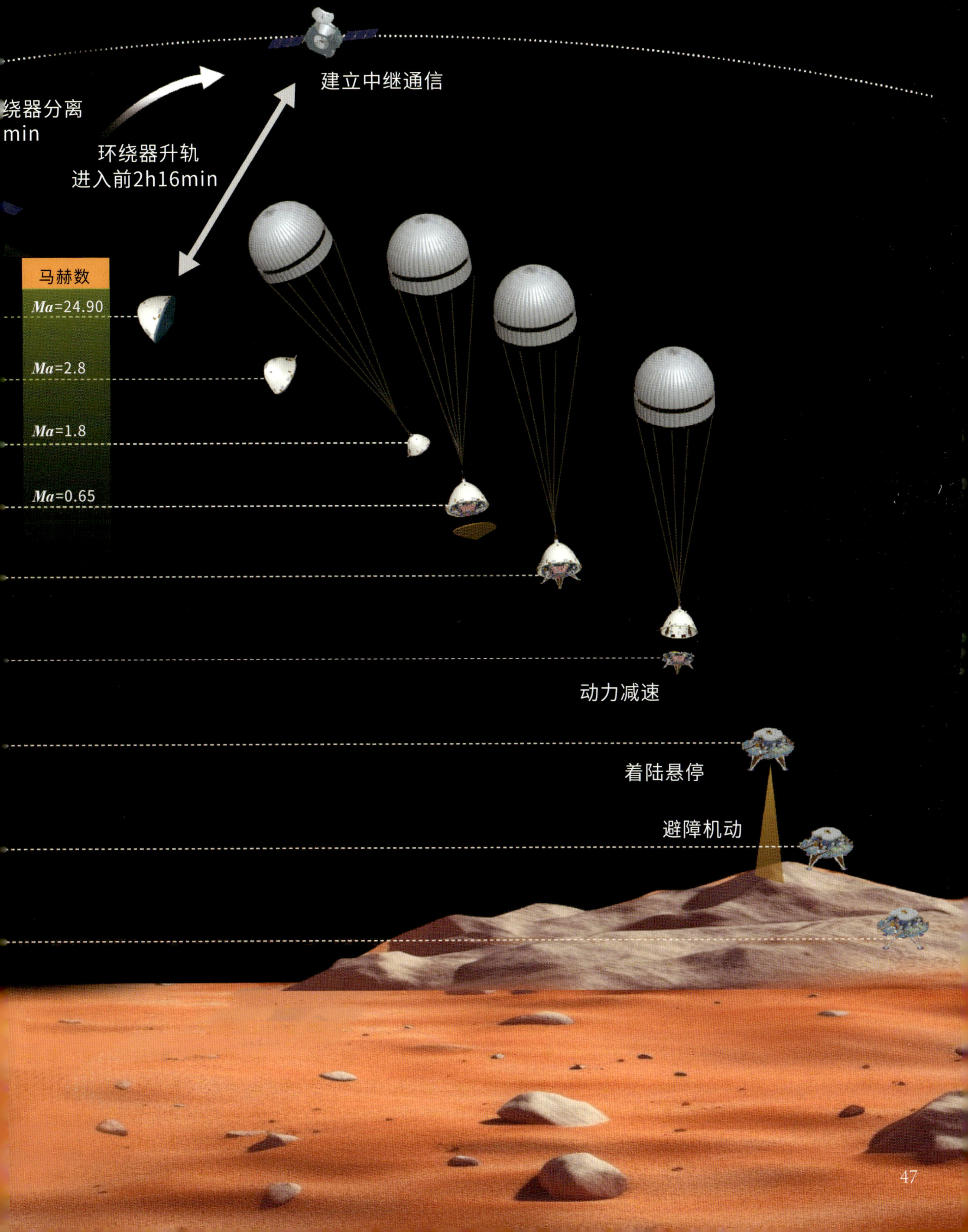
建立中继通信
绕器分离
min
环绕器升轨
进入前2h16min
马赫数
Ma=24.90
Ma=2.8
Ma=1.8
Ma=0.65
动力减速
着陆悬停
避障机动

① 气动减速示意图

② 配平翼展开模拟图

气动减速

Aerodynamic deceleration

气动减速过程约 5 分钟，利用着陆巡视器的气动构型与火星的稀薄大气相互作用，将进入舱的速度降低 90% 左右，降至约 460 米 / 秒。此时，打开进入舱配平翼，通过配平翼与火星大气的作用，调整进入舱的姿态，为降落伞打开创造良好的初始条件。

这是**国际首次**在火星探测任务中采用气动技术进行姿态调整，用不到 10 千克的质量资源实现了其他探测器需数百千克才能完成的任务，这一控制技术达到国际领先水平。

① 开降落伞

② 抛降落伞

Parachute deceleration

降落伞减速

当着陆巡视器速度降低到马赫数 2（两倍声速）时，弹出降落伞，利用降落伞继续减速至约 95 米/秒。弹伞后 20 秒，着陆巡视器抛掉大底，展开缓冲腿，底部的相机、雷达、激光等敏感器开机，开始测量着陆地形、地貌、距离、速度等着陆数据。下降到距火星表面 1～2 千米时，降落伞携带背罩与着陆巡视器分离。

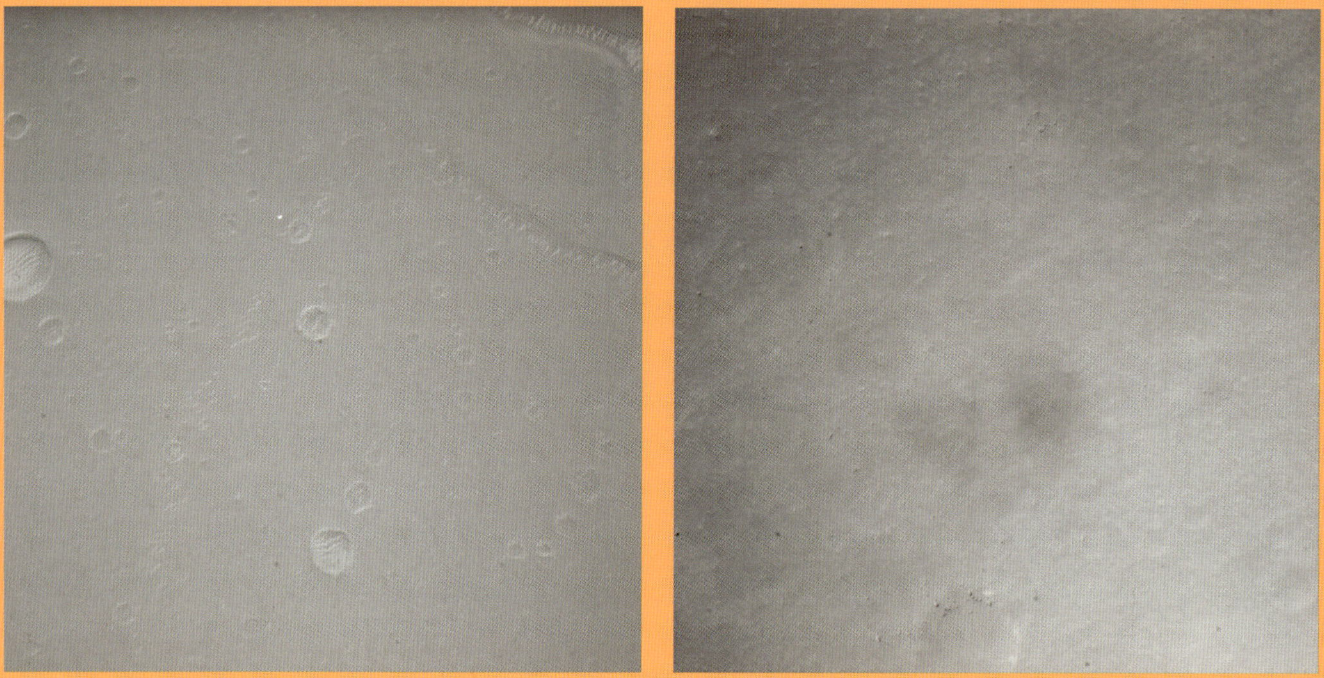

● 缓速下降过程拍摄的火星表面图像

Powered deceleration

动力减速

抛掉背罩后，着陆巡视器下方的 7500N 变推力发动机点火工作，通过反推进一步减速。同时，着陆巡视器根据实时拍摄的火星表面影像，寻找安全着陆点，并利用 8 台水平安装的 250N 发动机横向平移，逐渐接近着陆点。下降至距火星表面 100 米时，着陆巡视器短暂悬停，对着陆点的安全性进行确认，确定最终落点，继而缓慢平移并下降至火星表面。

精准着陆

Precision landing

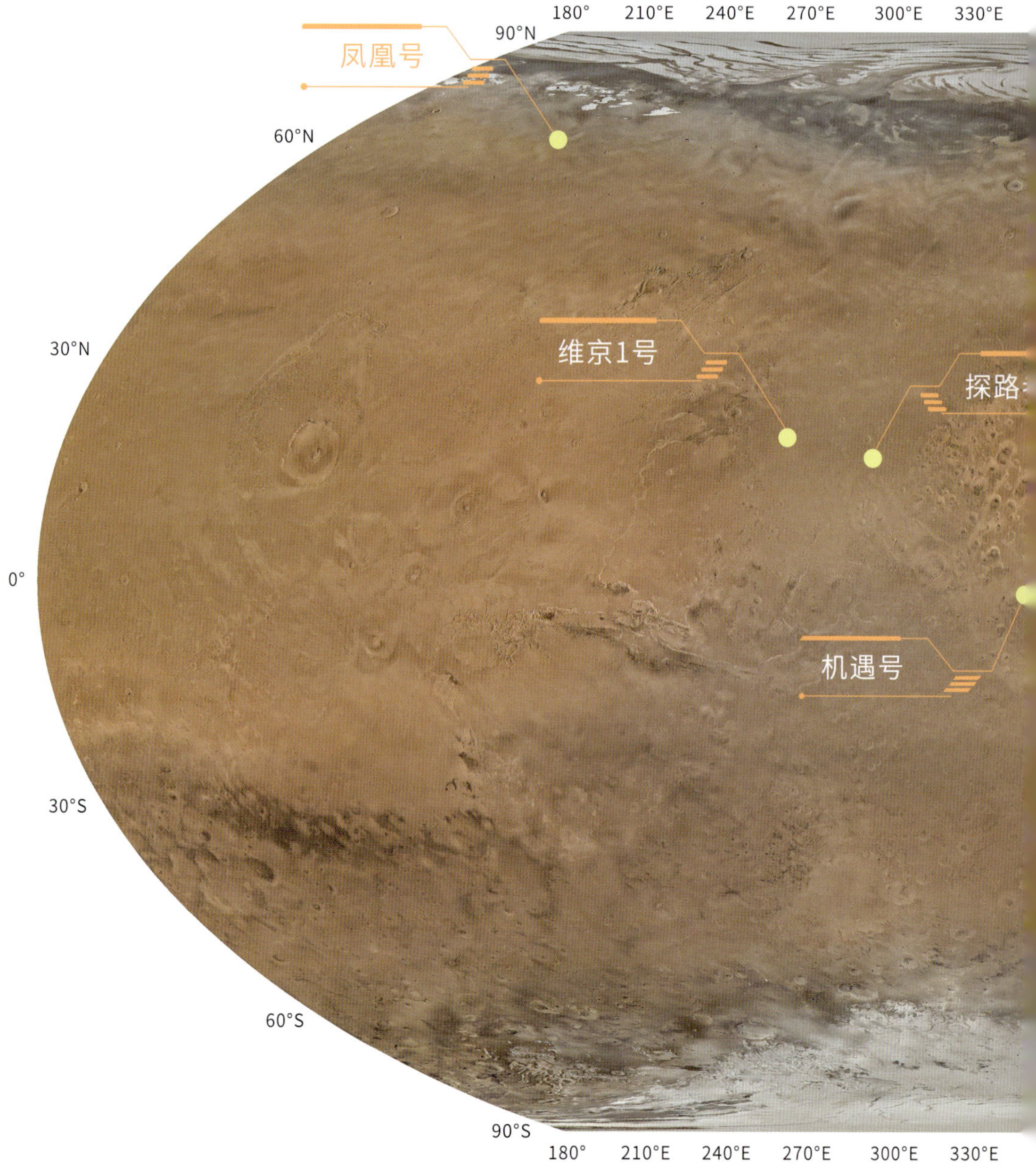

当着陆巡视器确认着陆腿末端的足垫与火星表面稳定接触后，立即关闭发动机。四条具备伸缩吸能功能的着陆腿缓冲掉剩余速度，保证着陆巡视器安全平稳着陆。

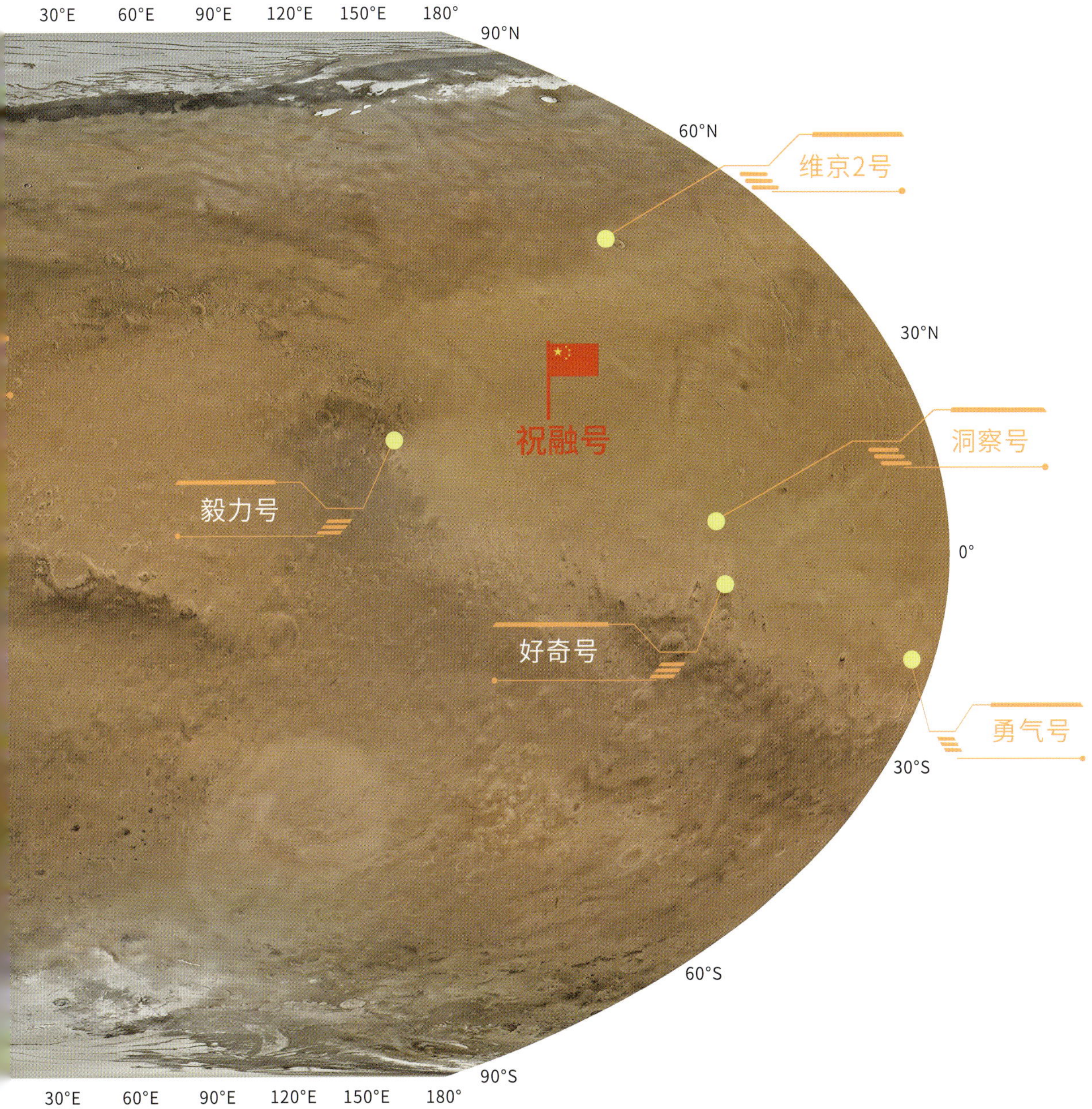

2021 年 5 月 15 日 7 时 18 分，着陆巡视器稳稳地着陆在火星乌托邦平原南部的预定着陆区域，与预定着陆点偏差约 3.1 千米，着陆精度达到国际先进水平。

建立工作状态

Establish working state

着陆后，祝融号火星车竖起桅杆，展开蝶形太阳翼和高增益天线，建立工作状态和直接对地通信，落火状态监视相机记录了设备展开结果。

火星车前避障相机拍摄的坡道展开状态

● 落火状态监视相机 B 拍摄的火星车太阳翼展开过程

● 由导航地形相机拍摄，镜头指向火星车尾部，图中可见火星车太阳翼、天线展开正常到位

着陆巡视器着陆火星后，环绕器使用高分辨率相机对着陆区成像，对比着陆前的详查影像，着陆平台、火星车、降落伞及背罩、防热大底的落点清晰可见。

● 着陆前

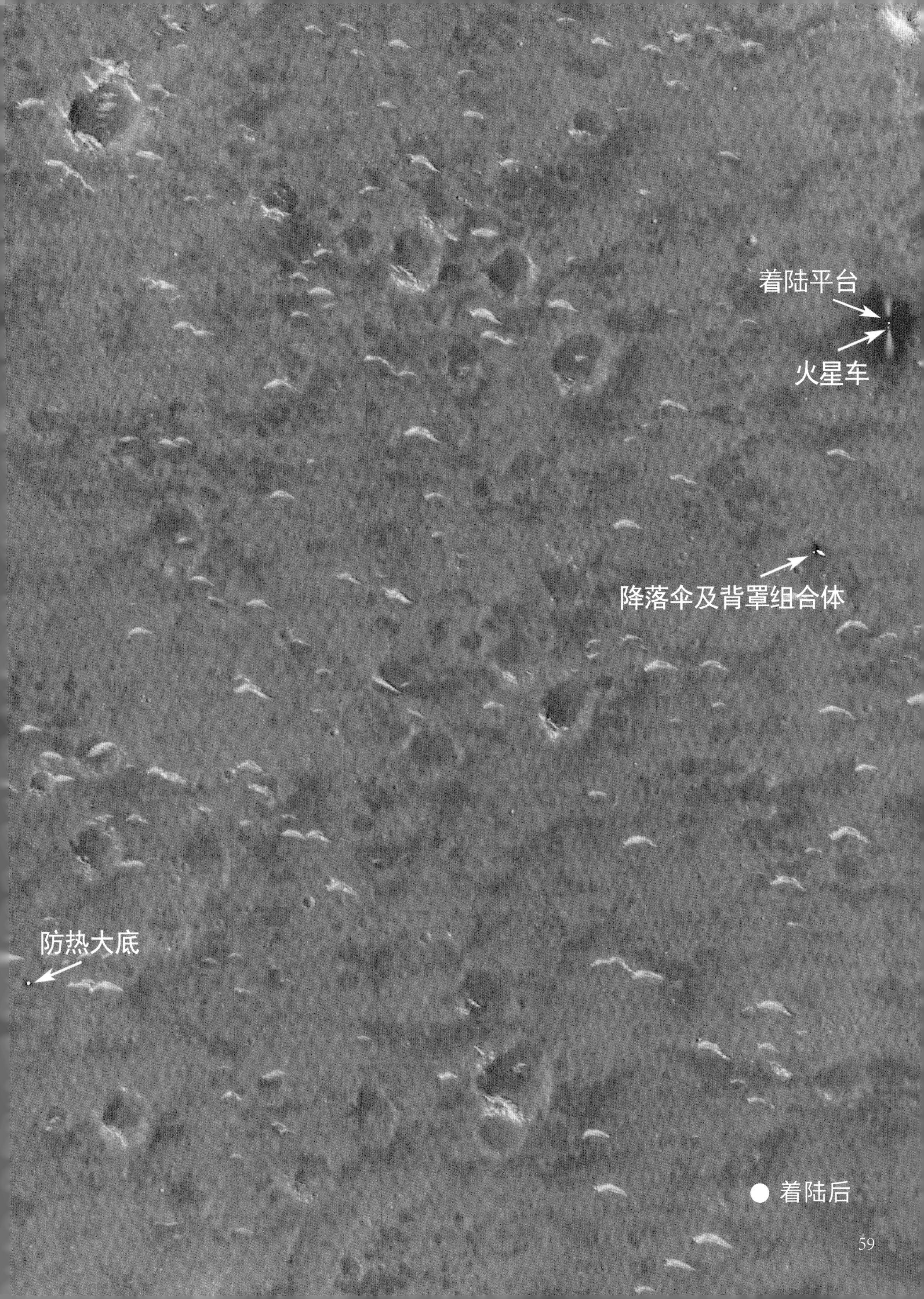
着陆平台
火星车
降落伞及背罩组合体
防热大底
● 着陆后

着陆点全景图

2021 年 5 月 21 日，祝融号火星车在着陆平台顶部，使用桅杆上的导航地形相机环拍，经校正、拼接、展开制作而成。图像显示，

着陆点附近地势平坦，远处可见火星地平线，石块丰度和尺寸与预期一致，表明着陆点自主选择和悬停避障实施效果良好。

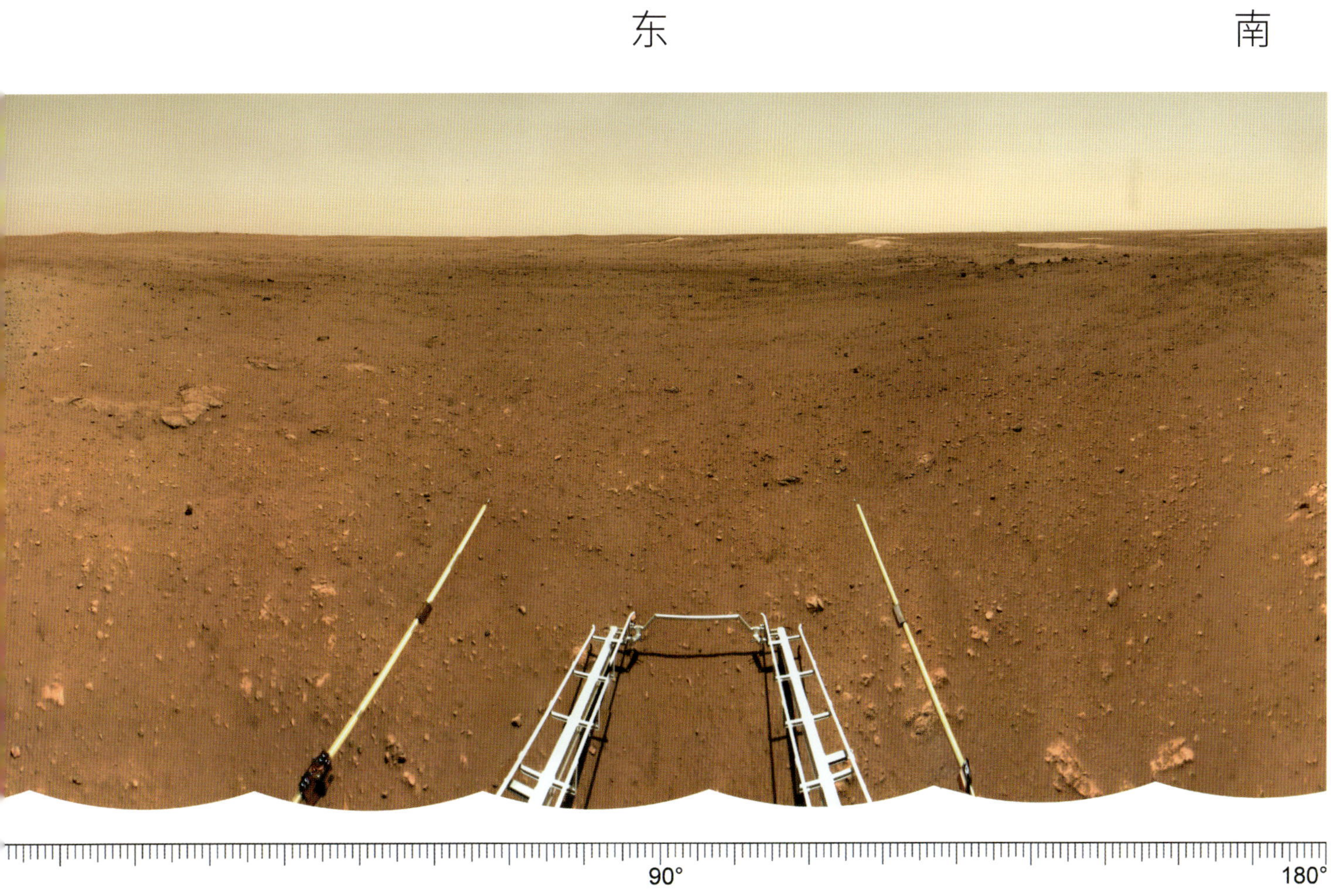

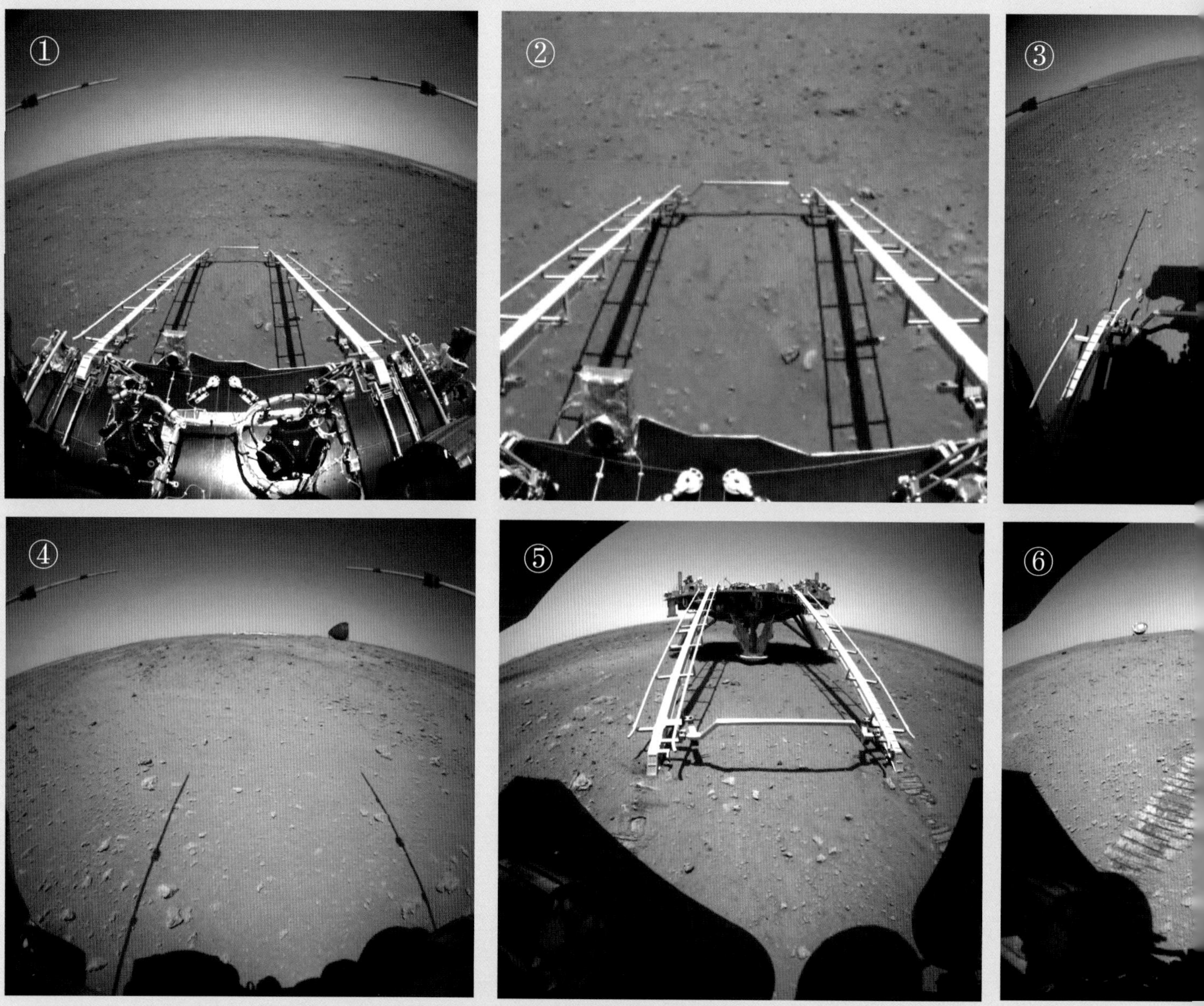

① 前避障相机拍摄，确认坡道展开正常，驶离路径安全

② 前避障相机拍摄，驱动机构加电开始移动，火星车驶上坡道

③ 前避障相机拍摄，火星车在坡道上行驶

④ 前避障相机拍摄，火星车驶上火面，远处可见抛落在火星表面的降落伞与背罩组合体

⑤ 后避障相机拍摄，火星车驶上火面，此时火星车后轮距离前坡道前缘 0.522 米，以纪念 5 月 22 日中国火星车首次登陆火星这一历史时刻

⑥ 后避障相机拍摄，火星车在火面留下清晰车辙

驶达火面

Reaching Martian surface

2021 年 5 月 22 日 10 时 40 分，祝融号火星车从着陆平台驶达火星表面，开始探索火星这个陌生的世界。前、后避障相机拍摄了火星车第一次行驶过程影像。

这短短的一小步，标志着中国成为第二个实现火星巡视的国家。

中国印迹

Chinese footprint

火星车行驶到着陆平台东偏南 60°方向约 6 米处拍摄的着陆平台影像图。着陆平台熠熠生辉，国旗鲜红方正，国旗左侧为 2022 年北京冬奥会吉祥物“冰墩墩”和“雪容融”图案，车辙上清晰刻印出“中”字，将中国印迹永久留在火星大地上。

① 国旗鲜红方正

② “中”字

Selfie of landing platform and rover

着巡合影

2021 年 6 月 1 日，祝融号火星车行驶至着陆平台南侧约 10 米处，释放了安放于车底部的分离相机，火星车后退至着陆平台侧面，分离相机拍摄了火星车与着陆平台的合

影。这是世界上首次在火星表面以第三视角拍摄的火星车影像，获得的视频真实再现了火星车在火星表面的行驶状态。

蜿蜒车辙

Winding rut

2021 年 6 月 16 日，祝融号火星车导航地形相机进行 360°全局地形地貌感知成像。此图拍摄时间为火星当地下午

4 时，正当夕阳西下，西向光线较强，北向的车辙蜿蜒延伸至逐渐远离的着陆平台，车辙轨迹形似“?”。

降落伞和背罩

Parachute and back shell

2021 年 7 月 12 日，祝融号火星车路过抛落在火星表面的降落伞与背罩组合体，近距离拍摄了特写影像。图中可见降落伞、伞绳和背罩结构完整，背罩上姿控发动机导流孔清晰可辨。

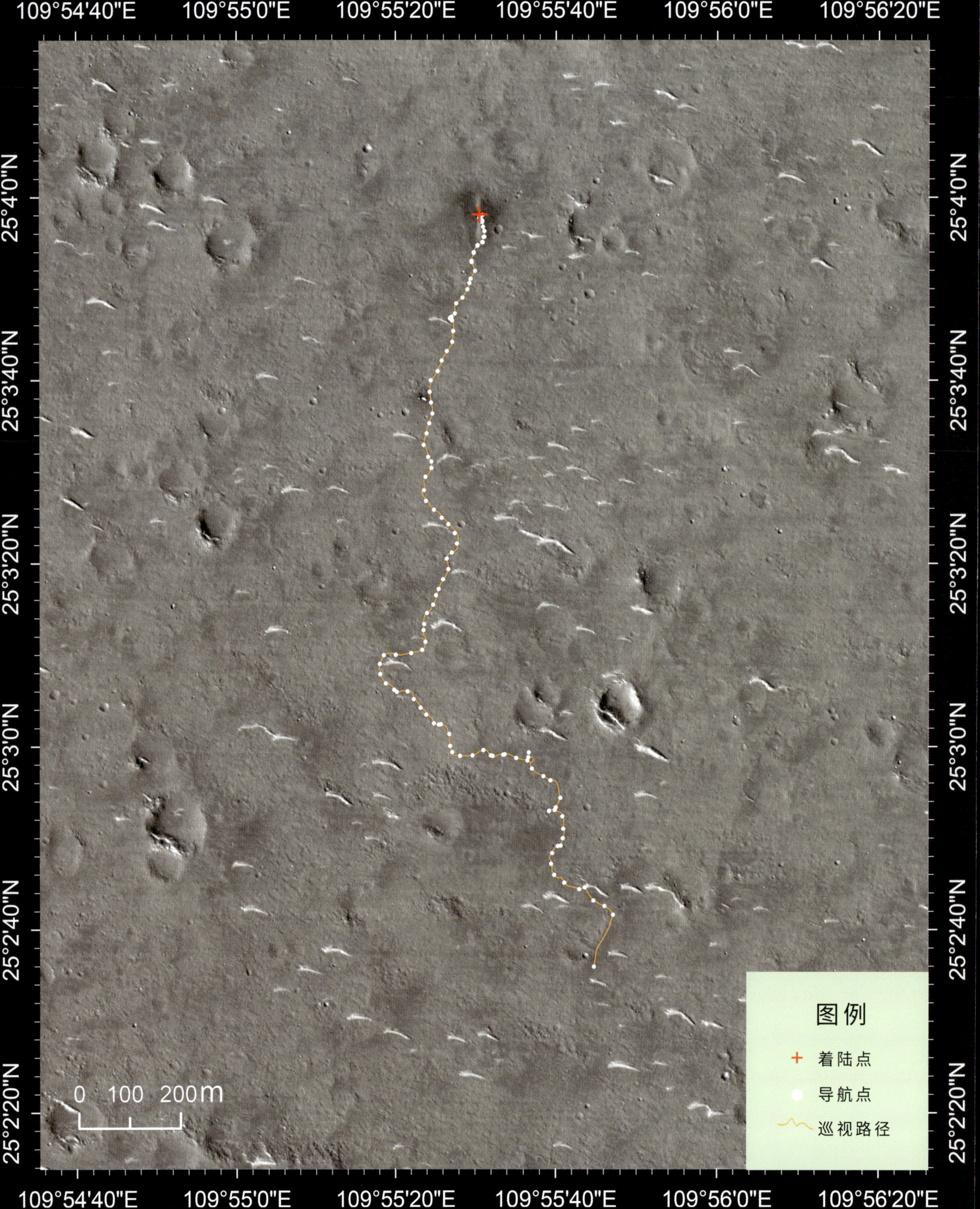

109°54'40"E
109°55'0"E
109°55'20"E
109°55'40"E
109°56'0"E
109°56'20"E
25°4'0"N
25°3'40"N
25°3'20"N
25°3'0"N
25°2'40"N
25°2'20"N
0 100 200 m
图例
着陆点
导航点
巡视路径

Traveling route

行驶路线

2021 年 8 月 15 日，火星车完成 90 个火星日的既定科学探测任务，状态良好，继续实施拓展探测。2022 年 5 月 18 日，着陆区进入火星隆冬，火星车因光照不足，进入冬季休眠状态，至此它已在火星表面累计行驶了 1921 米。

天问一号

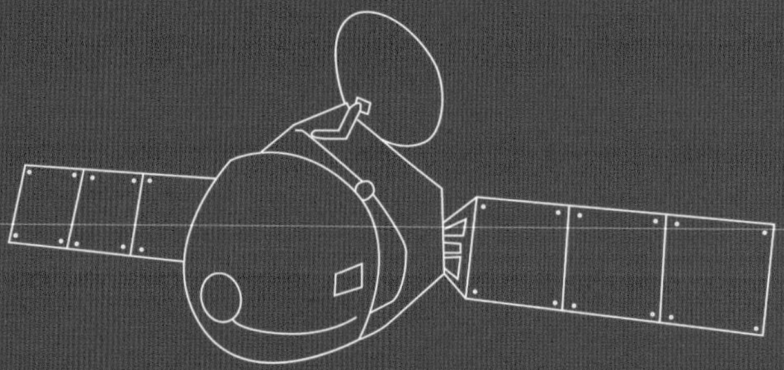

02

火星地形地貌

火星南半球和北半球的**地形地貌**差异很大。南半球比较古老，以高原地形为主，表面崎岖，密布撞击坑，地壳较厚；北半球则以大型低洼平原为主，点缀着一些死火山，地壳较薄。火星极区覆盖着由水冰、干冰以及尘埃组成的火星极冠，会随着火星季节发生变化，春夏季气温逐渐升高，水冰、干冰等成分升华，极冠变小；秋冬季气温逐渐降低，水冰、干冰等成分凝华聚集，极冠变大。

全 火 星

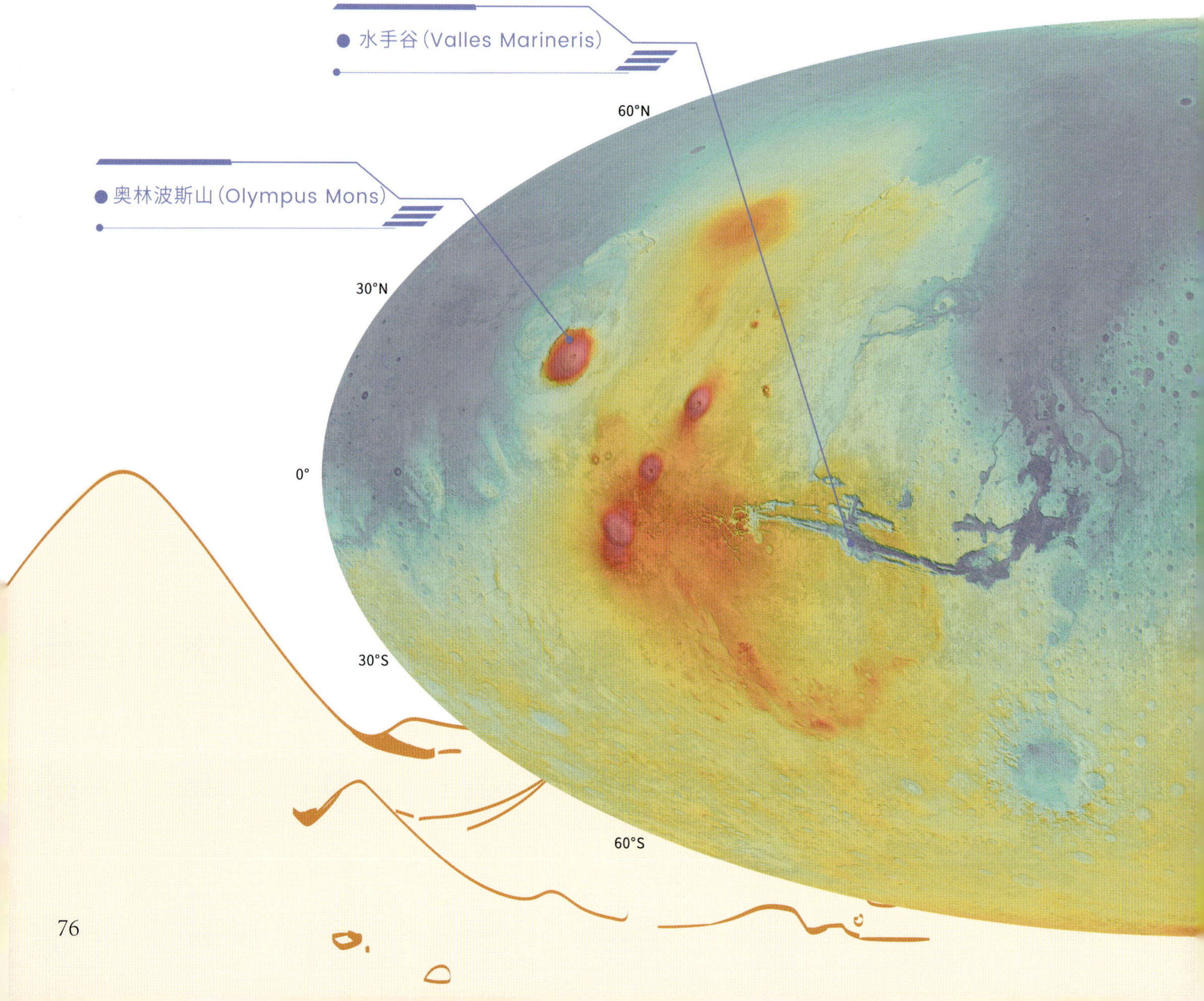

火星上最壮观的地貌之一是位于赤道附近的水手谷，长度 3761.28 千米，最宽处约 600 千米，最大深度约 8 千米，是地球上任何谷都无法比拟的。奥林波斯盾状火山更为神奇，这个最大直径达 610.13 千米的火山口竟比周围地区高出 21241 米，接近地球上珠穆朗玛峰的三倍。像水手谷和奥林波斯山这样的特大地貌，在整个太阳系里都是绝无仅有的。

地　形　图

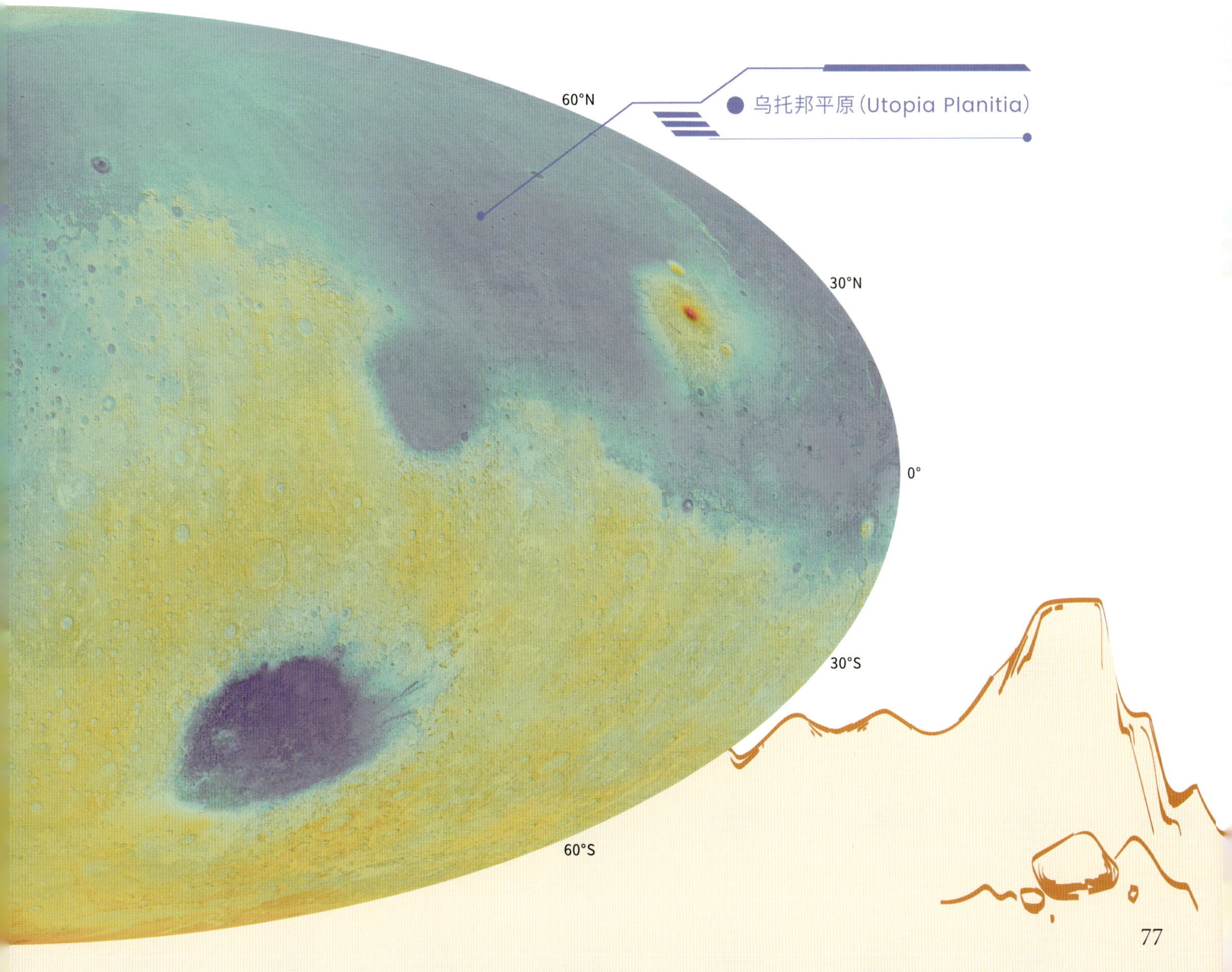

Terrain naming rules

地形命名规则

人类对火星的观测记录可追溯到公元前两千年的古埃及时期。自 1610 年伽利略首次用望远镜观测火星以来，随着望远镜的不断进步，天文学家观测到火星表面存在大片明暗不一的区域，并把它们想象成“大陆”和“海洋”。这种由于反照率差异而呈现出的明暗区域在现代天文学中被称为反照率特征。

1877 年，意大利天文学家乔凡尼 · 维尔吉尼奥 · 斯基亚帕雷利结合前人的成果，根据其观测到的景象绘制出了一张具有重要意义的火星地图，并赋予这些明暗区域充满神秘色彩的名字，作为火星表面的地理位置标识点。1965 年，美国水手 4 号火星探测器传回的 21 张照片揭开了火星的神秘面纱，随后水手 7 号在火星轨道上的观测更是颠覆了人们对火星的认知。那些早期观测到的大片明暗区域并非只是简单的黑白影像，而是存在着大量形态各异、蔚为壮观的地形细节。

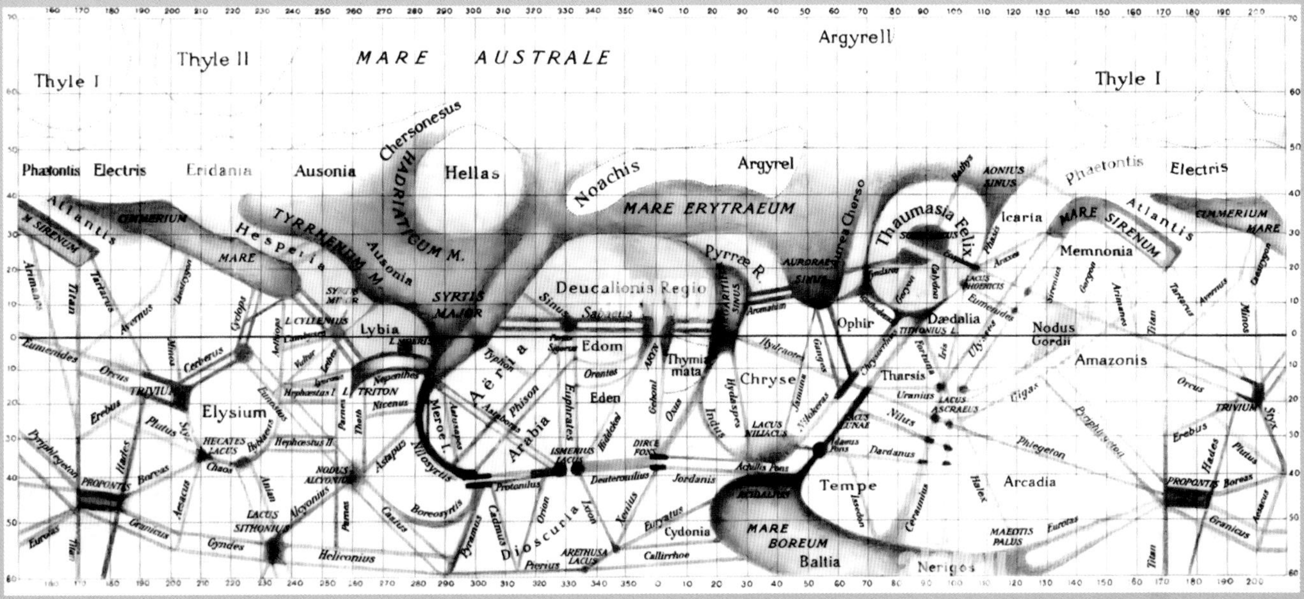

● 意大利天文学家乔凡尼·维尔吉尼奥·斯基亚帕雷利绘制的火星地图

在科学界的共同努力下，IAU 最终确定了火星表面最具代表性的 29 种地形，并赋予它们正式的名称，其中最广泛的三种地形的名称为反照率特征、环形坑和谷。其他地形的命名采用一条简单的规则，即沿用附近的反照率特征名，若附近不存在反照率特征点，则沿用附近环形坑的名字，这些地形包括：平原、高原、荒原、洼地、高地、山（山脉）、方山、山脊、丘陵、穹丘、峡谷、沟、沟垄、峭壁、陡崖、滑坡、沙丘、蛇曲、沼泽、浑地、流地、迷宫、高原舌、坑链、暗斑、碟形坑。遵循此规则，任何团体或个人出于火星科学研究、制图等需要，均可向 IAU 提出火星地理实体的命名申请。

反照率特征

Albedo Feature

反照率是表示物体对太阳光反射能力的物理量。火星表面因富含氧化铁，使得肉眼观察时整体呈橙红色。然而，仔细观察会发现火星的颜色存在一定的变化，有亮赤红色区、暗灰色区和过渡区。低反照率区域呈现浅灰色，最暗区域的反照率为 0.1；高反照率区域呈现赤红色，最明亮区域的反照率为 0.36（不包括火星极冠）。

反照率特征名称共 126 个，主要源于古希腊、古罗马的古典神话以及《圣经》中的人物、地点等，如奥林匹亚（Olympia，古希腊神话中众神所在的神山）、塞壬海（Mare Sirenum，古希腊神话中的海妖塞壬）。这些反照率特征名称奠定了火星地理实体命名的基础。

火星上126个反照率特征点的全图展示

环形坑

Crater, Craters

环形坑指火星表面的环形地貌类型，是火星上分布最为广泛的地形，绝大多数是撞击形成的，根据撞击规模的不同可细分为简单撞击坑、复杂撞击坑、多环撞击盆地等类型。通常将直径小于 8 千米并且形貌较为简单，呈碗状，底部凹陷，边缘突起，基底平坦的撞击坑称为简单撞击坑或碗形撞击坑。随着撞击坑直径的增大，其底部往往更为平坦开阔，中心形成耸起的中央峰，坑壁呈现类似“梯田”的形状，这样的撞击坑被称为复杂撞击坑。而直径超过 100 千米的撞击坑，其中央峰和坑壁的环状“梯田”会变得更为复杂，呈多环构造，中间峰顶呈环状，这样的撞击坑则被称为多环撞击盆地。火星表面撞击坑的规模和数量非常惊人，其中直径超过 1000 千米的撞击坑已有 5 个得到确认，直径超过 1 千米的撞击坑更是超过 38 万个。

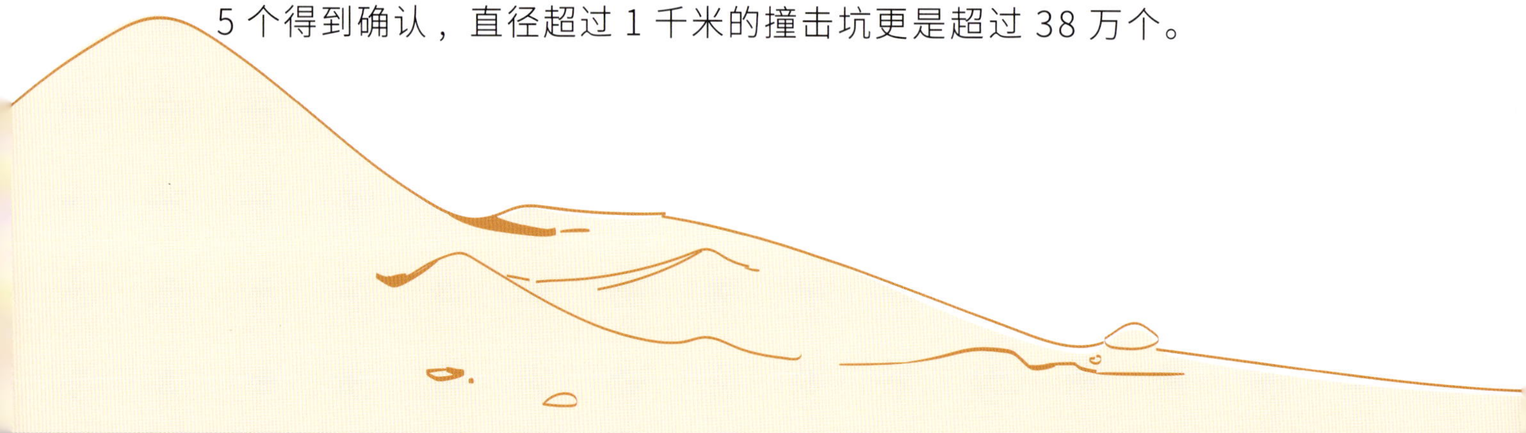

环形坑的命名取决于其直径大小。直径超过 50 千米的环形坑，通常以著名人物的名字命名，特别是那些在火星科学研究、知识传播领域做出过杰出贡献的科学家、作家或其他人物。例如，丰塔纳环形坑得名于绘制了人类历史上首幅有据可查的火星图的意大利天文学家；阿西莫夫环形坑则来源于美国科幻小说巨匠艾萨克·阿西莫夫，他的《基地系列》《银河帝国三部曲》及《机器人系列》被誉为“科幻圣经”。直径不足 50 千米的环形坑，则以地球上人口少于 10 万的城镇名称来命名。我国利用天问一号高分辨率图像，成功识别了祝融号火星车着陆点附近的 22 个地理实体，并以我国的历史文化名村名镇进行命名。

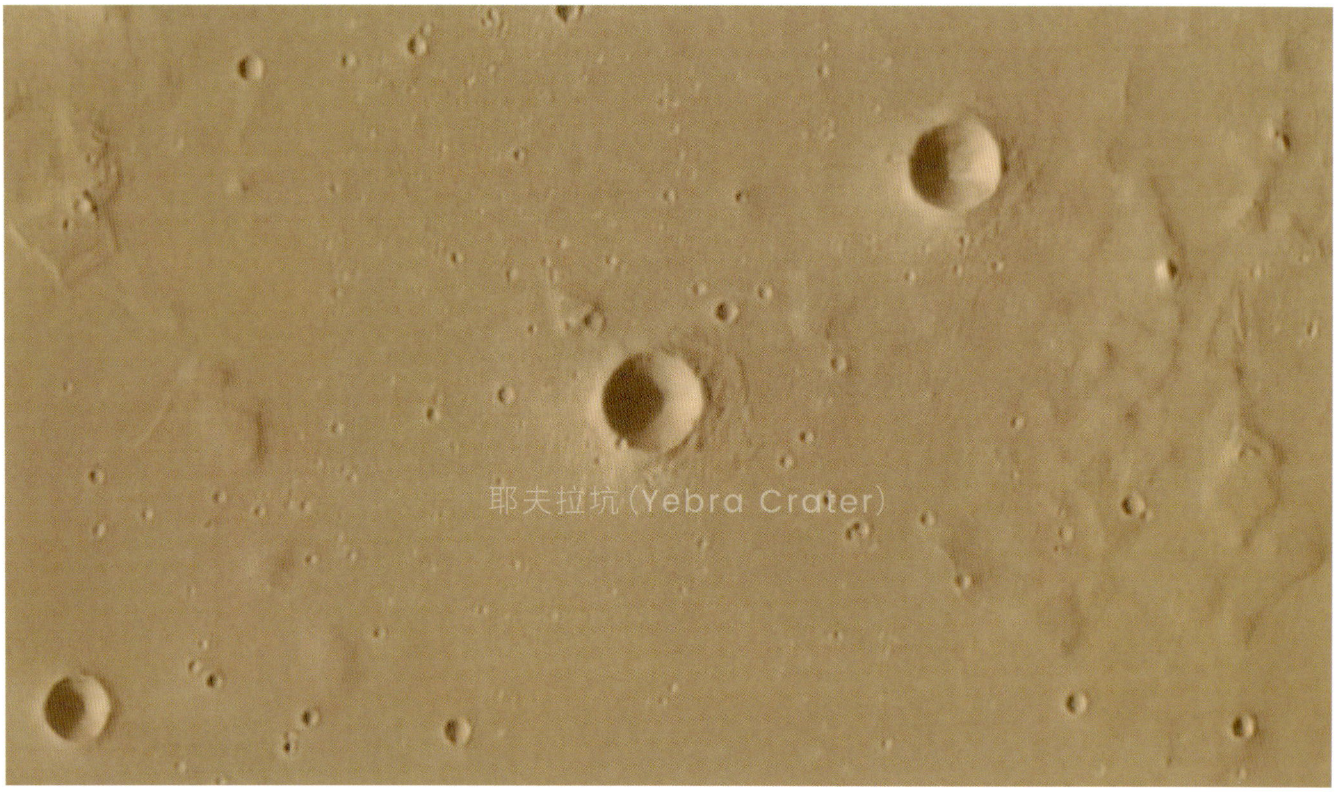

耶夫拉坑（Yebra Crater） 位于火星北半球的乌托邦平原，中心经纬度为东经 105.69°、北纬 20.79°，直径 4.85 千米，其命名源于西班牙的一个小镇。从形貌上看，该坑坑壁光滑，底部平坦，形貌较为简单，属于典型的碗形撞击坑。

布拉夫坑（Bluff Crater） 位于火星北半球的乌托邦平原，中心经纬度为东经 110.03°、北纬 23.47°，直径 6.75 千米，其命名源于新西兰的一个小镇。从形貌上看，该坑中央呈现明显的碗底构造，属于典型的碗形撞击坑。

巴拉巴舍夫坑（Barabashov Crater）位于火星北半球的滕比高地，中心经纬度为东经 291.25°、北纬 47.33°，直径 120.67 千米，其命名源于一位俄罗斯天文学家。从形貌上看，该坑内部有一个明显的凸起构造，这可能是被改造后的中央峰，坑底疑似在水流作用下变得坑坑洼洼，属于复杂撞击坑。

莫勒坑（Moreux Crater）位于火星北半球，中心经纬度为东经 44.54°、北纬 41.79°，直径 131.44 千米，其命名源于一位法国天文和气象学家。从形貌上看，该坑底部有一个明显的中央峰构造，坑底其他区域较为平坦，坑缘疑似经过了后续的地质改造，呈现出凹凸不平的复杂形态，属于复杂撞击坑。

开普勒坑（Kepler Crater）

位于火星南半球，中心经纬度为东经 140.98°、南纬 46.69°，直径 228.24 千米，其命名源于提出行星运动三大定律的德国著名天文学家开普勒。从形貌上看，该坑从中心向外延伸，可以看到两个明显的环形构造，属于典型的多环撞击盆地。

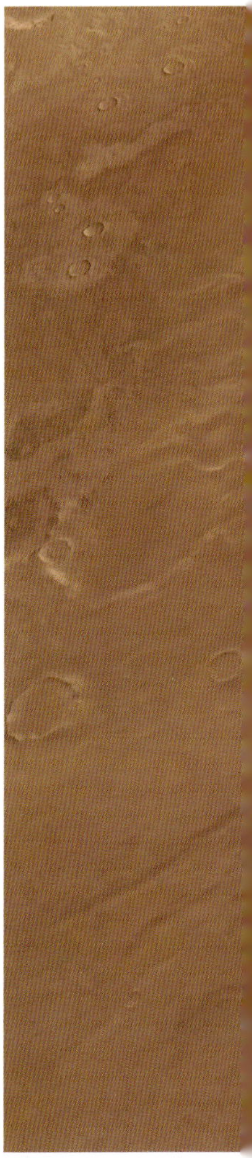

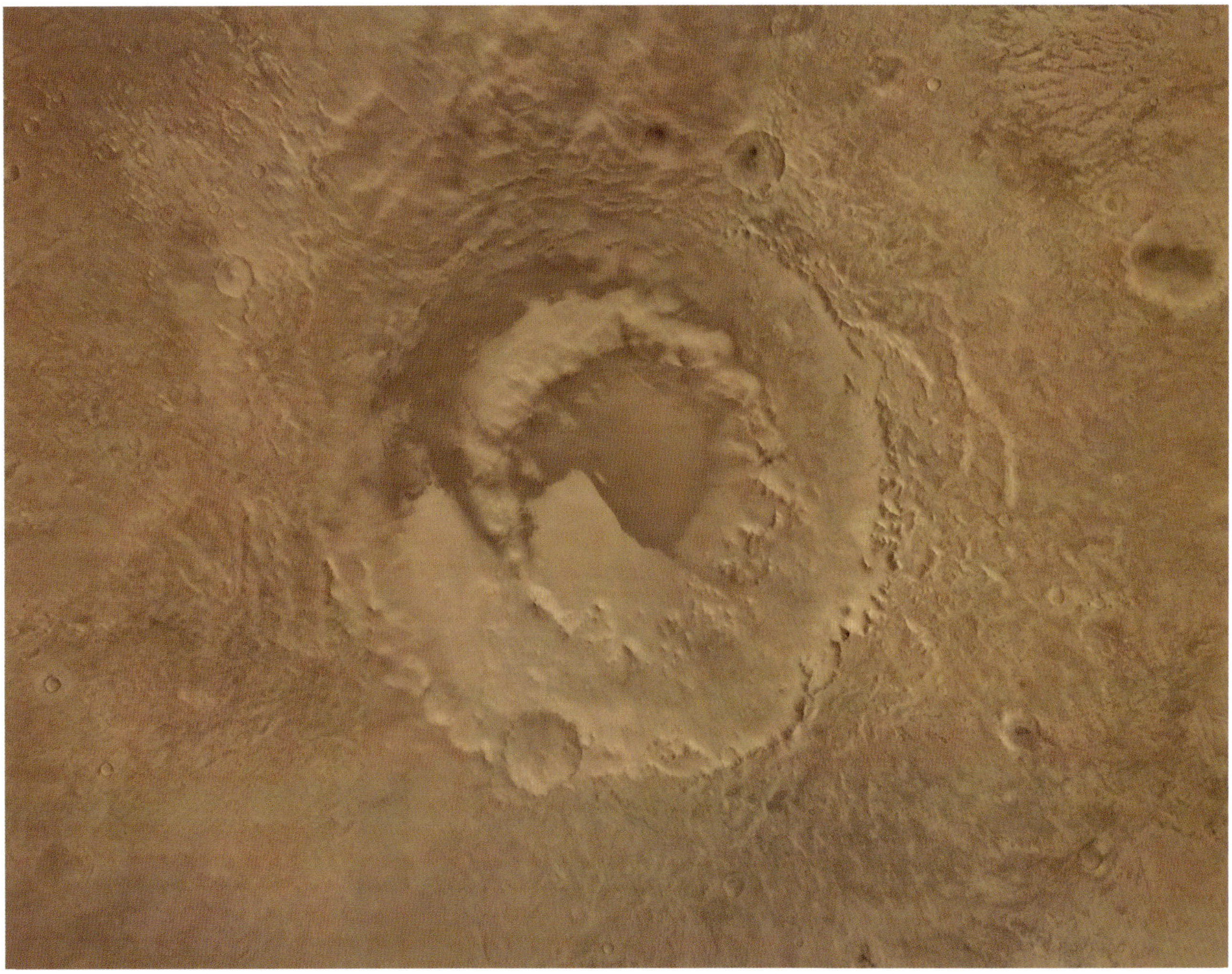

洛厄尔坑（Lowell Crater）

位于火星南半球，中心经纬度为东经 278.5°、南纬 51.96°，直径 202.22 千米，其命名源于一位美国天文学家。从形貌上看，该坑从中心往外，可以看到两个明显的呈同心圆状分布的环形构造，最外层的部分区域还可以依稀观察到第三个环的痕迹，属于多环撞击盆地。

哈德来坑（Hadley Crater）

位于火星南半球，中心经纬度为东经 156.97°、南纬 19.26°，直径 115.46 千米，其命名源于一位美国天文学家。从形貌上看，坑底有一个直径约 20 千米的环形坑，坑底和坑壁已经被掩埋，只有坑的部分边缘仍依稀可辨，这种环形坑被称为**幽灵坑（Ghost Crater）**。科学家认为，幽灵坑可能与环形坑形成之后的沉积作用对其表面的改造有关。

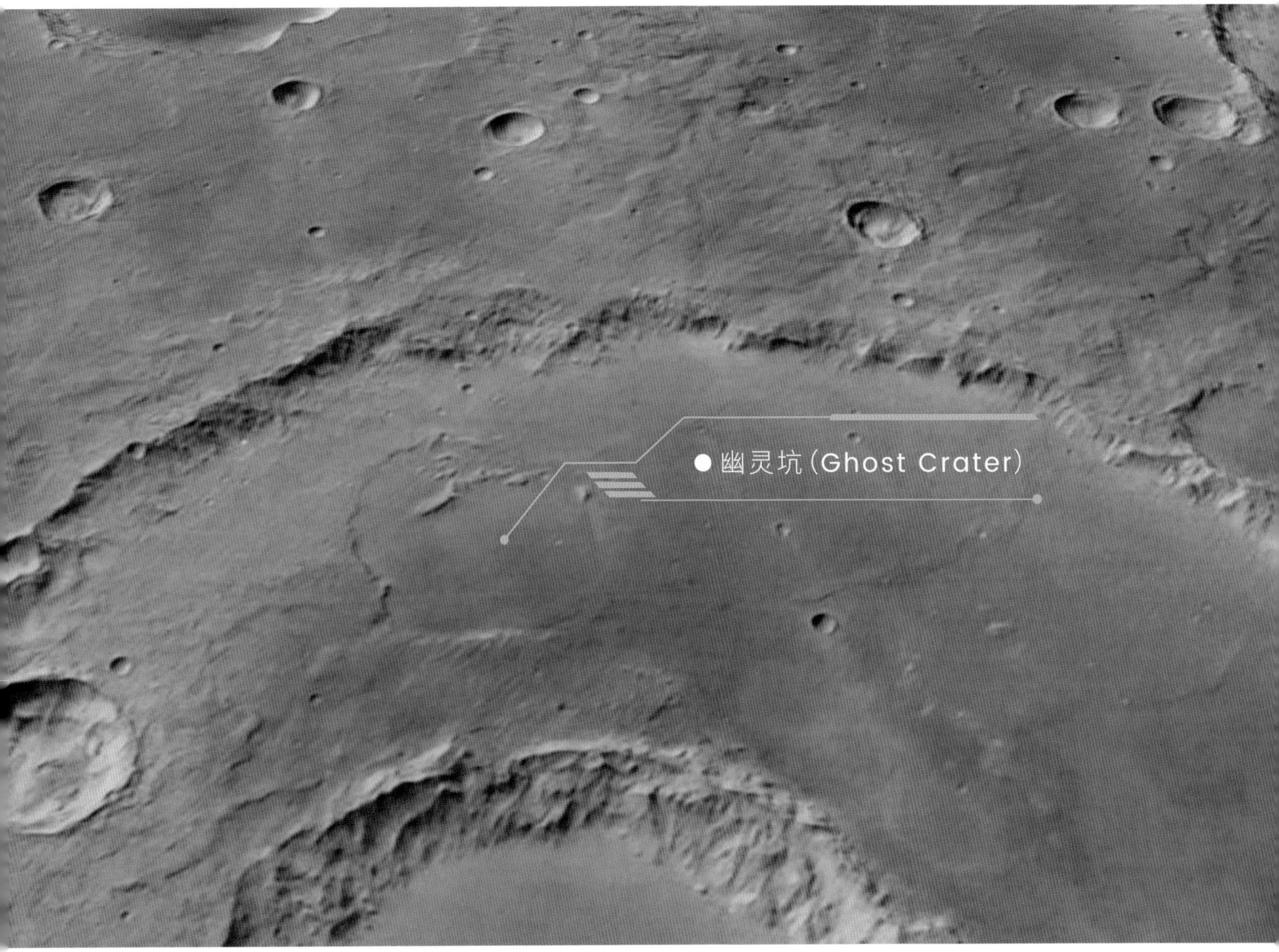
幽灵坑(Ghost Crater)

煎饼坑（Pancake Crater）

位于火星北半球，中心经纬度为东经 98.76°、北纬 40.89°，三个环形坑的直径从大到小约为 15 千米、9 千米、6 千米。这些环形坑的外环形态形似摊开的煎饼，因此被形象地称为煎饼坑。科学家认为，煎饼坑的形成可能与撞击事件发生时，火星地表存在水 / 冰或者其他挥发物质有关。

谷

Vallis, Valles

火星表面散布着大量蜿蜒曲折的**谷状地貌**，科学家认为，这些谷的形成与古火星时期复杂的地质构造运动，以及冰川、水流等对地表的侵蚀作用有关。在远古时期，频繁的火山活动导致火星出现地质断层，随着熔化的岩浆从地壳上涌，整个地表随之抬升，这时周边的地壳岩石不断被拉伸直至断裂，最终形成了断层和裂纹。随着裂缝的扩展，地面逐渐下沉。同时，断层也为地下冰川、水等的流动打开了通道，它们进一步破坏地表，加剧了断裂区域的扩张。在地势险峻而且较新暴露的崖壁处，地质结构变得不稳定，由此造成的山崩使谷变得越来越宽。

谷的命名同样取决于其规模大小。对于规模较大的谷，通常会采用各国语言中表示“火星”或“星星”的词汇进行命名。例如，长约 1700 千米的阿瑞斯谷是以希腊语中的“火星”一词来命名的。此外，还有阿勒加希拉谷（阿拉伯语中的火星之意）、奥卡库谷（印加语中的火星之意），以及道谷（泰语中的星星之意）。相比之下，规模较小的谷则以世界各地古代或现代的河流名称进行命名，这是因为规模较小的谷大多为河流成因。例如，以我国河流命名的“松花江谷”。

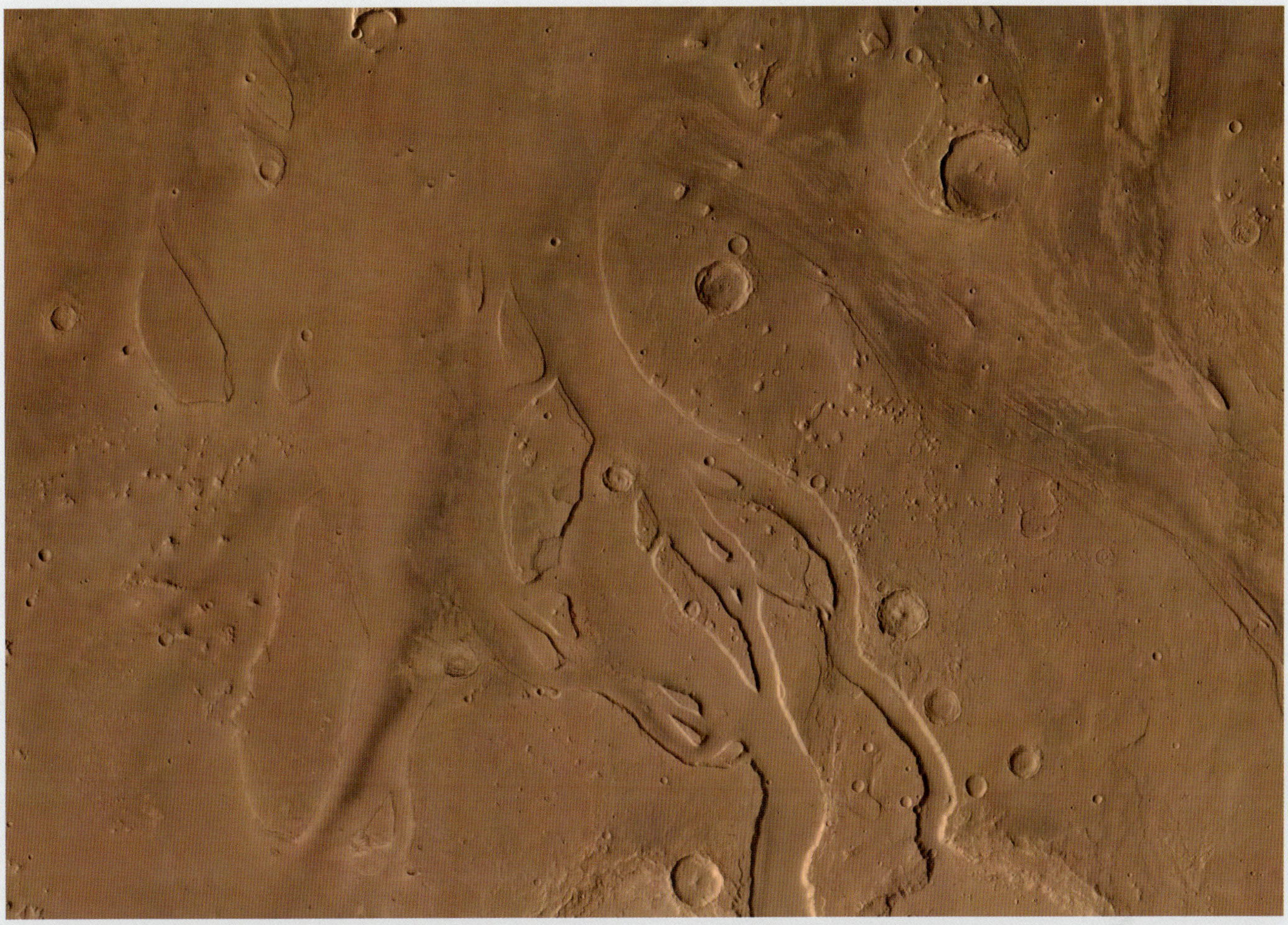

蒂尤谷（Tiu Valles） 位于火星北半球，中心经纬度为东经325.14°、北纬 16.23°，长约 1720 千米，其命名源于古英语中对火星的称谓。该谷的南部为海拔较高的珍珠高地，北部为地势低洼的克律塞平原，谷中央分布着多个类似河流三角洲的构造，这些特征表明蒂尤谷很可能形成于古火星时期的河流侵蚀作用。

火星谷（Huo Hsing Vallis） 位于火星北半球，中心经纬度为东经 66.61°、北纬 30.19°，长 332.3 千米。该谷的命名源于“火星”一词的威妥玛拼音“Huo Hsing Vallis”，如今的标准译名为“火星谷”。该谷形态狭长，

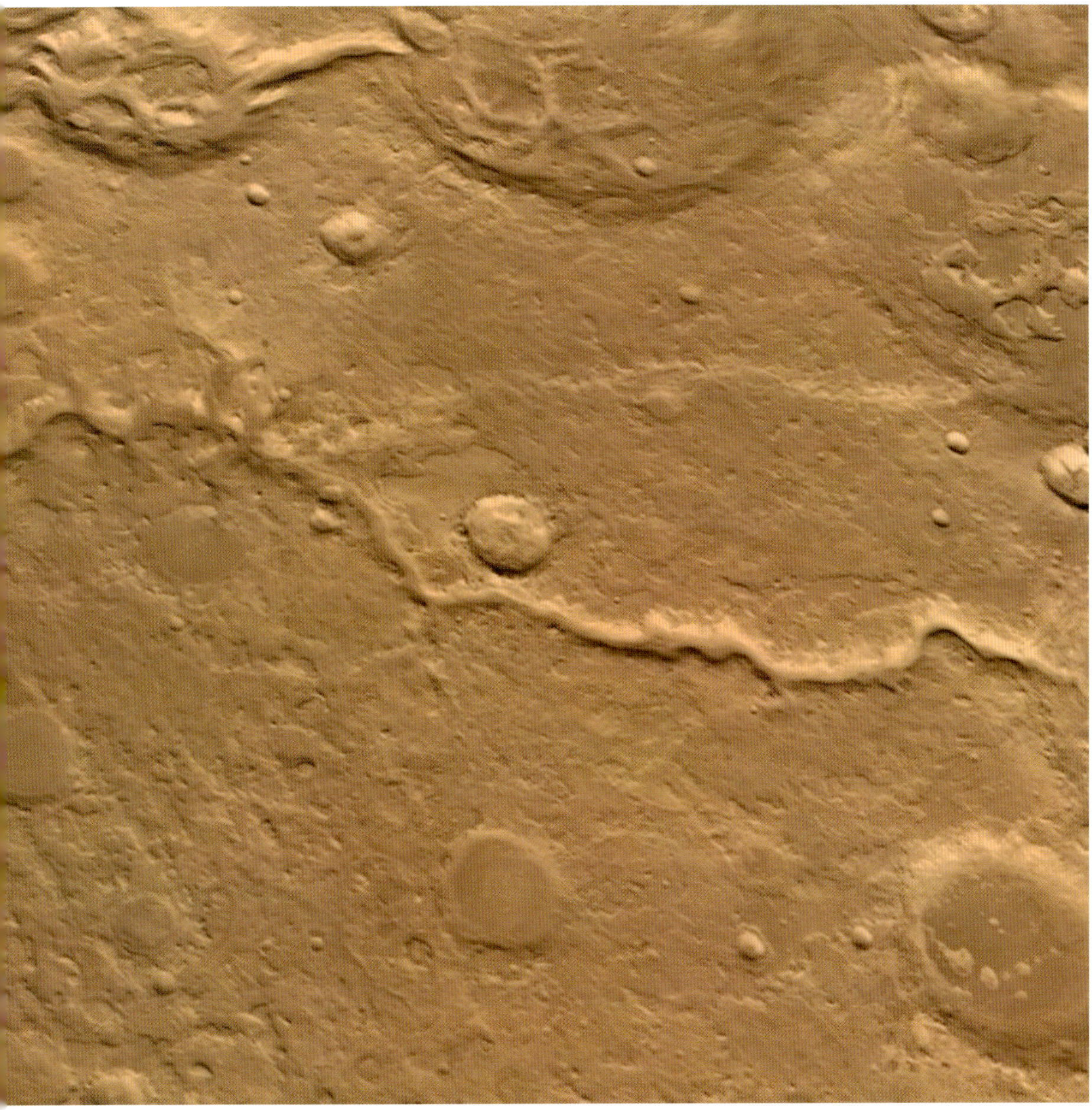

谷底较窄，周围地形较为破碎，这些特征表明其形成时的冰川或者水流对地表的侵蚀较弱。

卡塞谷（Kasei Valles）

位于火星北半球，中心经纬度为东经 297.12°、北纬 25.14°，长度 1580 千米，其命名源于日语中的“火星”一词。该谷谷底较宽，可达上百千米，谷底平坦开阔，并且可以看到大量的类似河流三角洲的构造，谷底两侧可以看到明显的陡崖。

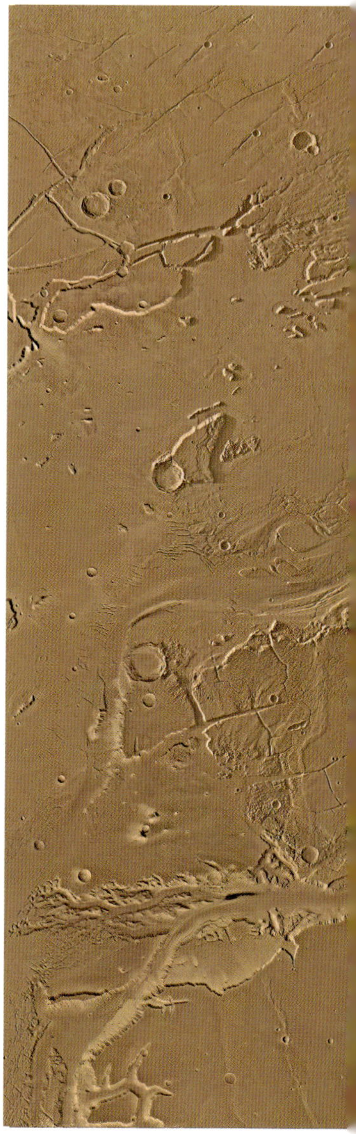

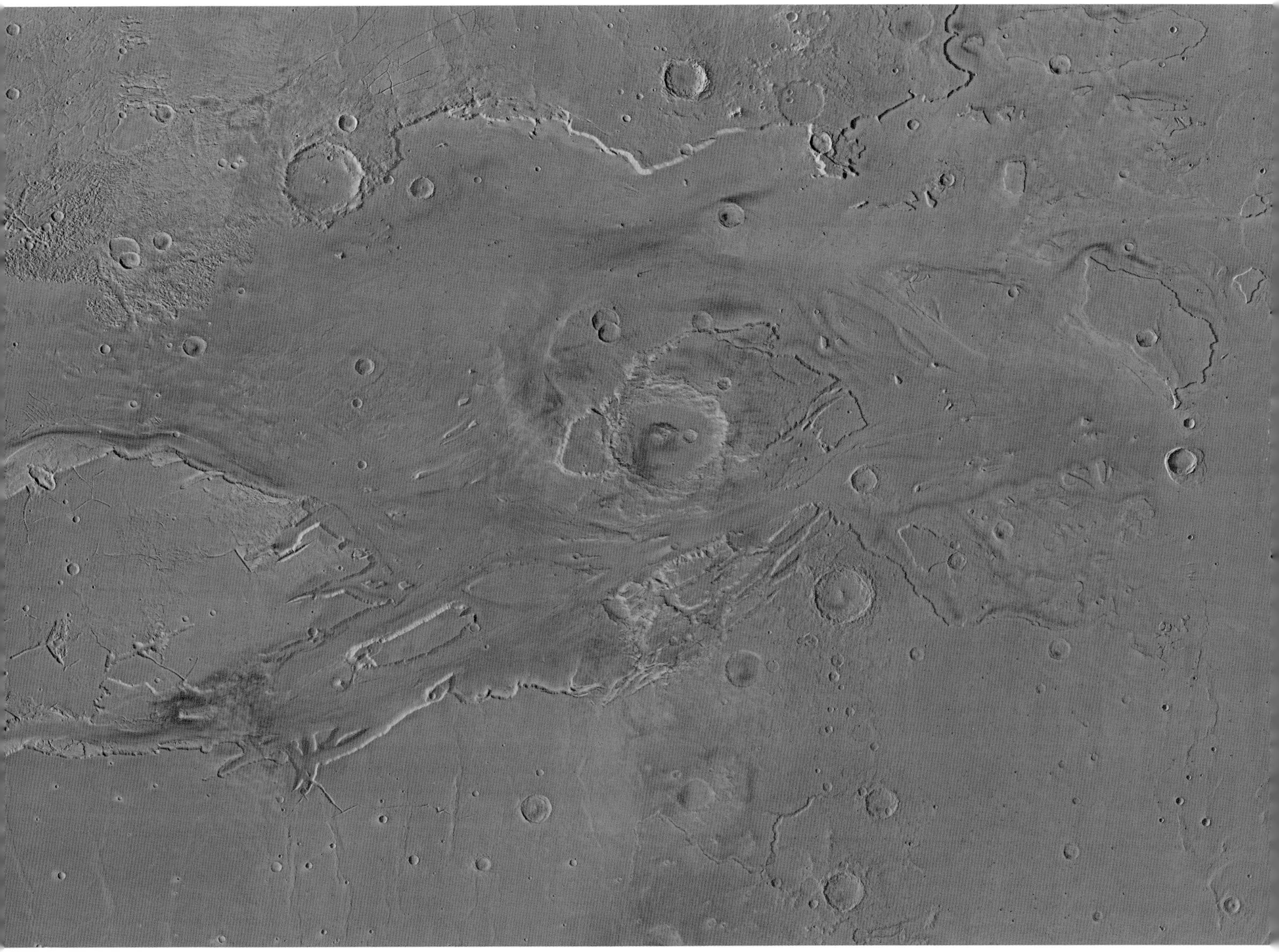

坑链

Catena, Catenae

坑链是一种由一定间距的凹坑规则排列组合形成的链式构造，通常呈直线或弧形。这些凹坑具有相近的直径、相似的规模和形成年代，但某些坑链中，凹坑的直径会随着延伸距离的增加而逐渐减小。

关于坑链的形成机制，有撞击成因、构造成因等多种观点。撞击成因认为，当大型撞击坑形成时，抛射出的撞击溅射物会重新回落至火星表面，形成一系列由坑缘向外呈放射状延伸的次级撞击坑，或者是由小天体在进入火星大气的过程中分裂成多个碎片撞击火星表面形成的一串撞击坑，具有串珠状或链状的分布特征。构造成因认为，坑链是由于地下断层滑动或表面扩张导致表层的松散介质陷落而形成的。

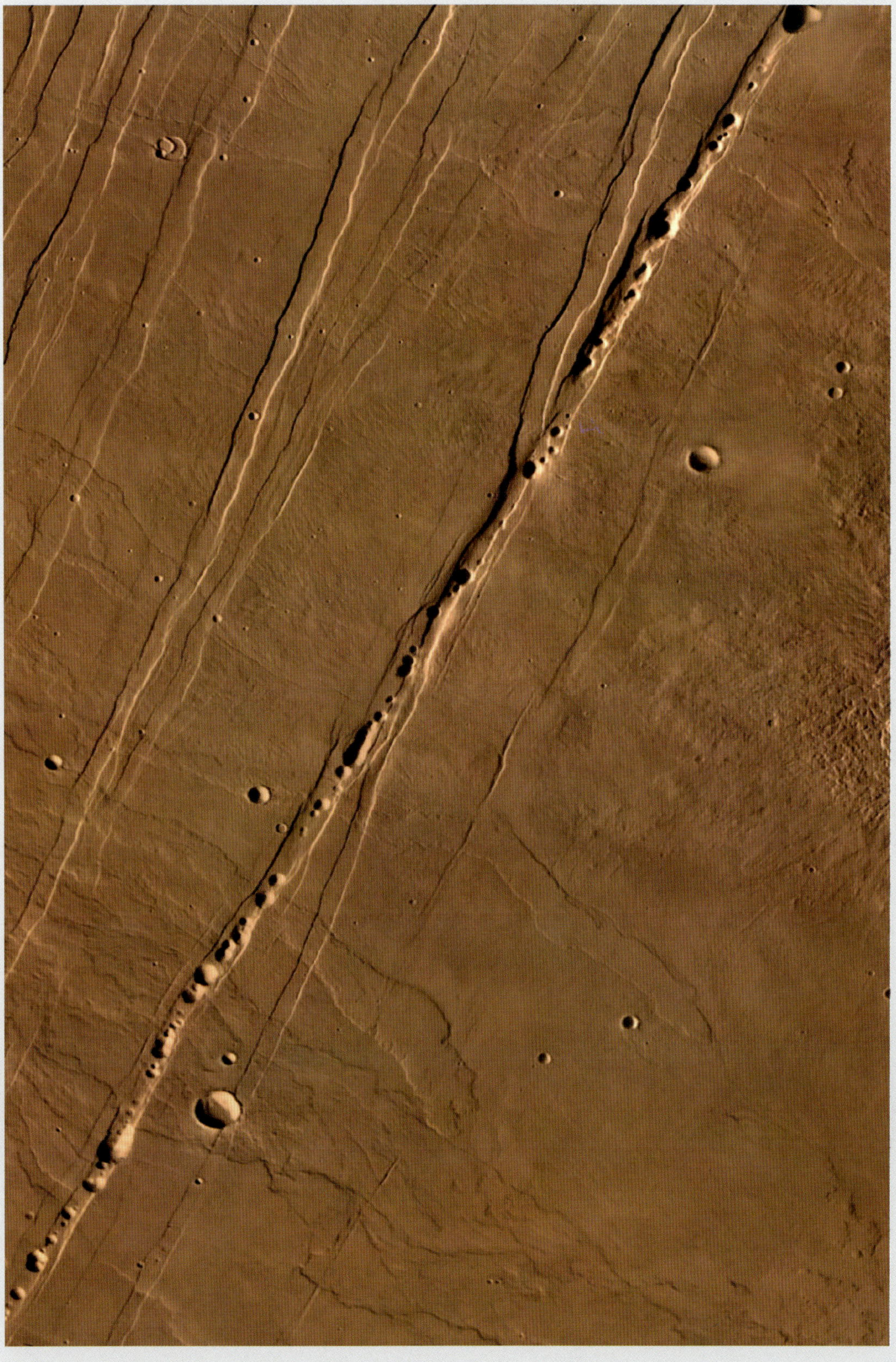

阿刻戎坑链（Acheron Catena）位于火星北半球非常古老的阿尔巴火山东侧，中心经纬度为东经259.2°、北纬37.47°，长度421.77千米，由一排凹坑有序排列而成。该坑链以东经 220°、北纬 35°的反照率特征命名，可能是由于地质结构不稳定发生坍塌所形成的。

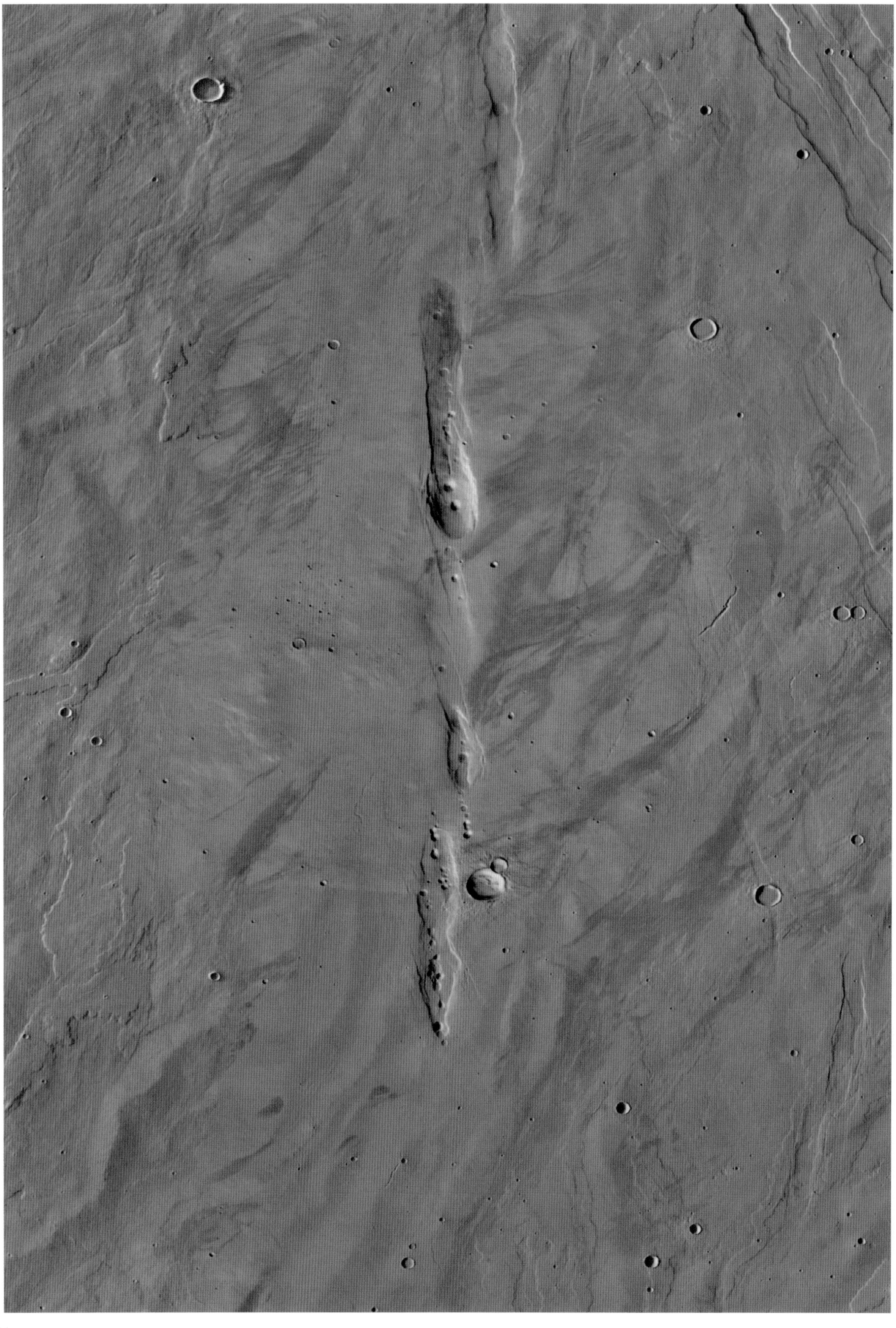

阿尔巴坑链（Alba Catena）

位于火星北半球阿尔巴火山西南侧，中心经纬度为东经 245.42°、北纬 35.04°，长度 144.86 千米。该坑链是阿尔巴火山的主要地貌特征，以阿尔巴火山的名称命名，可能由构造成因形成。

阿耳堤尼亚坑链（Artynia Catena）

位于火星阿尔巴火山的西北部，中心经纬度为东经 240.55°、北纬 47.69°，长度 279.28 千米。该坑链的命名源自火星表面东经 223°、北纬 54°的反照率特征名，可能是由于顶部坍塌至下方的开放空间（如熔岩管道）形成的一串圆形凹陷。

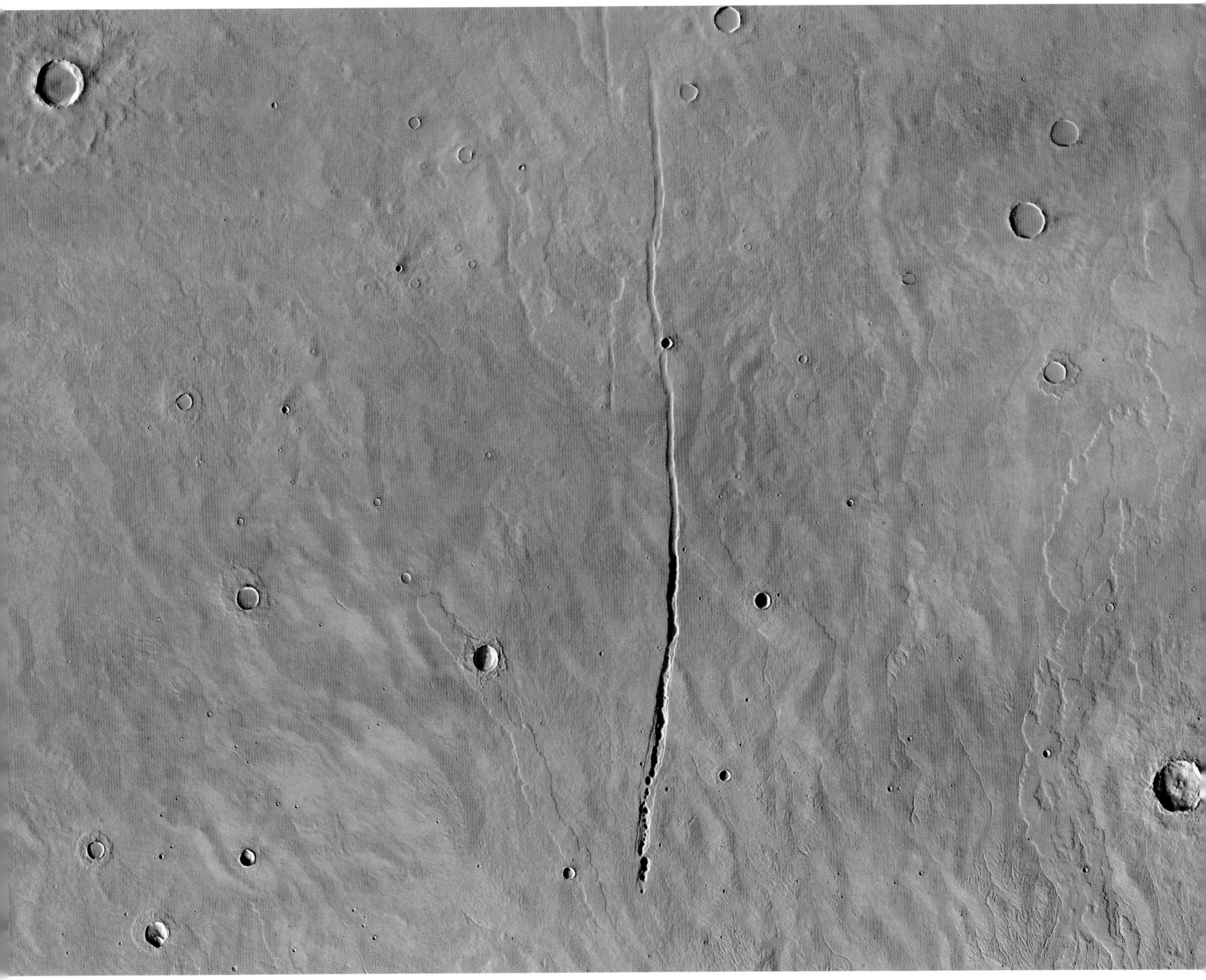

洼地

Cavus, Cavi

洼地是一种类似环形坑、具有陡峭侧面的不规则低地，通常成群出现。一般认为，洼地并非由撞击所致，可能是由于带压力的地下水突然喷涌而形成的崩塌结构，也有可能是岩浆侵入和挤压的结果，导致富含挥发性的基质加热和融化，以及液态水的排出和损失。

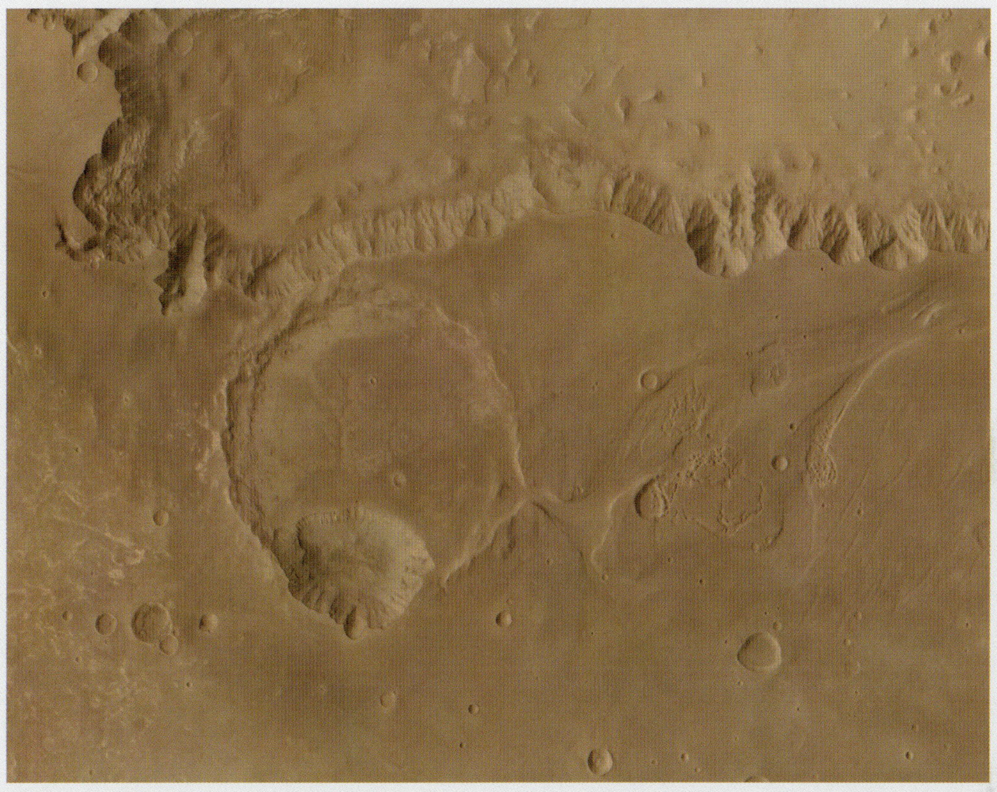

恒河洼地（Ganges Cavus）是一个极深（约 6 千米）的崩塌结构，中心经纬度为东经 308.55°、南纬 10.09°，最大跨度 43.11 千米，其命名源于附近的反照率特征名。该洼地嵌套在莫雷利亚坑的南缘，其形成很可能是由于带压力的地下水突然喷涌而形成的崩塌结构。

西绪福斯洼地（Sisyphi Cavi）的中心经纬度为东经 353.7°、南纬 72.2°，最大跨度 423.63 千米，内有许多深约 1 千米的凹坑。该

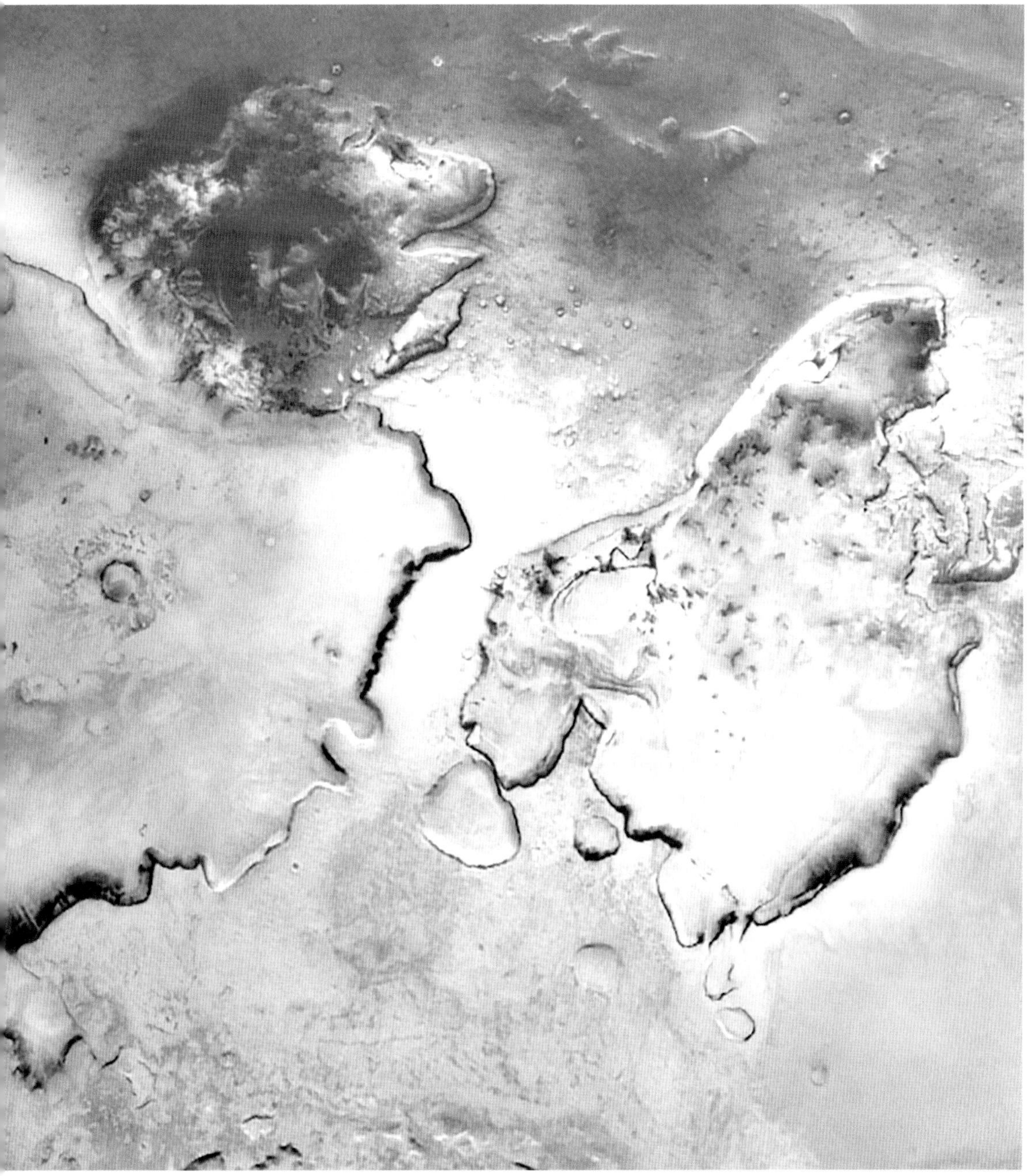

洼地以古希腊神话中的人物命名，其成因可能与基底融化排水而导致的坍塌有关。

浑地

Chaos, Chaoses

浑地由一系列大小不一、形状各异的崎岖地块杂乱无章地散布在火星表面所构成，就像一片被巨大力量随机翻动、打乱的拼图，形成了一种具有视觉冲击力的地貌景观。浑地可能是由于地下冰层的瞬间融化或气化，导致上层地体因为失去支撑而塌陷，形成一大片破碎的区块，通过纵横交错的沟壑镶嵌在一起。

Aeolis Chaos

埃俄利斯浑地（Aeolis Chaos）的中心经纬度为东经150.6°、南纬 7.13°，最大跨度 201 千米，其命名源于附近的反照率特征名。

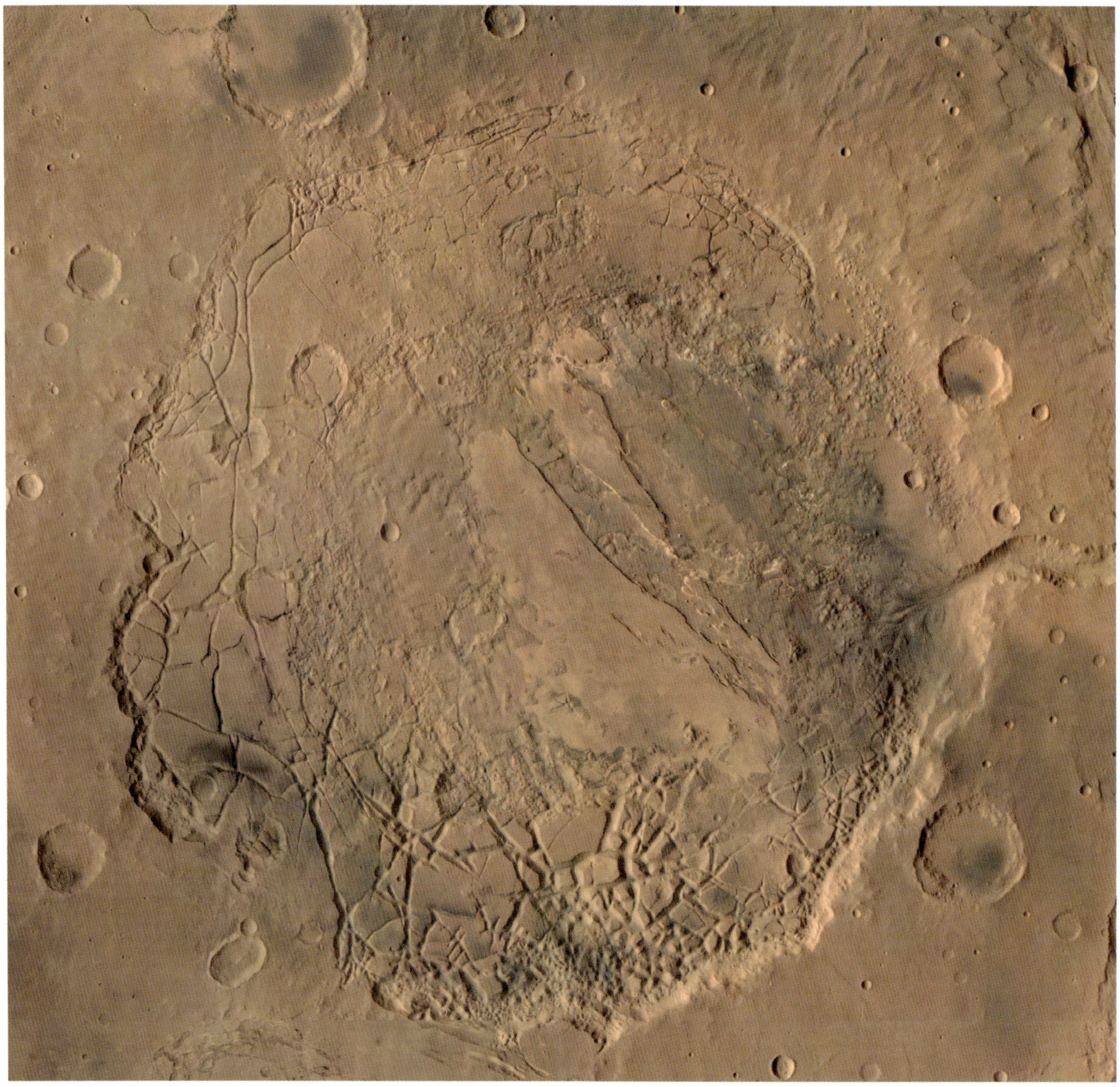

亚兰浑地（Aram Chaos）的中心经纬度为东经 337.61°、北纬 2.52°，最大跨度 283.81 千米，其命名源于附近的反照率特征名。该浑地是一个被严重侵蚀的撞击坑，可能曾经存在一个湖泊，后期大量水 / 冰快速损失后形成了这样的杂乱地块。

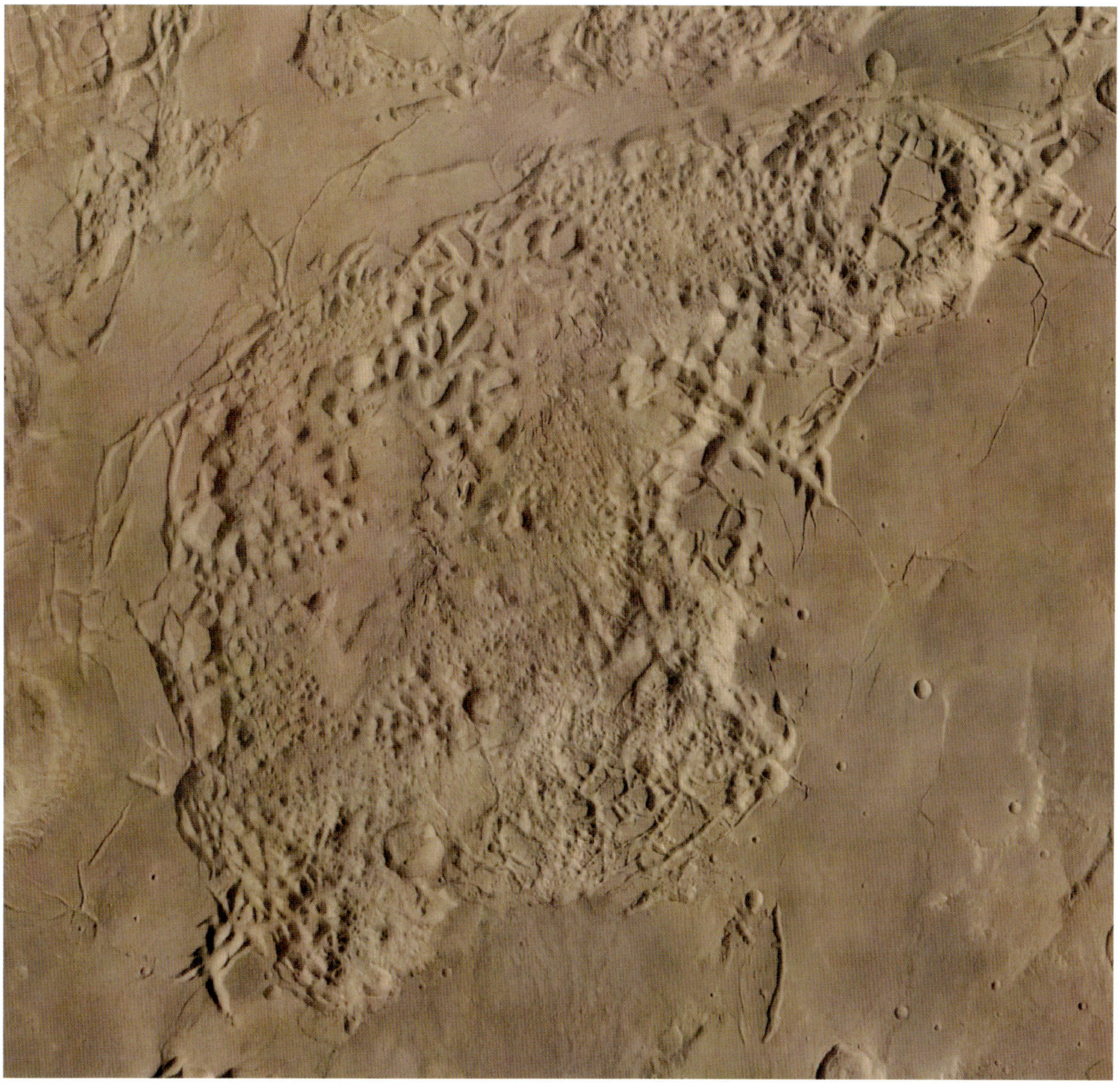

阿耳西诺厄浑地（Arsinoes Chaos）位于火星珍珠高地的北部，中心经纬度为东经 332.08°、南纬 7.66°，最大跨度 200.08 千米，其命名源于古希腊人物。该浑地包含大块破碎的地表、谷地，以及水流的痕迹，液态水在塑造该浑地方面发挥了重要作用。

峡谷

Chasma, Chasmata

火星上用**峡谷**命名的地形指的是深而细长并且具有陡峭崖壁的洼地或槽谷。火星表面有多条大峡谷，其形成可能与火山活动有关；也可能是由当时流淌的地下水侵蚀“雕刻”而成，如厄科峡谷；还有可能是由于断层等构造运动的作用或火星上潜在的板块构造运动所导致，如炫白峡谷。

炫白峡谷（Candor Chasma）是水手谷系统中最大的峡谷之一，中心经纬度为东经 289.22°、南纬 6.53°，长度 810.61 千米，其命名源于附近的反照率特征名。该峡谷的底部包含多种地貌，如层状沉积物、沙丘、滑坡沉积物、陡峭的悬崖和台地。这些复杂地貌的成因与风蚀、水蚀以及重力驱动的物质滑坡等多种形式的侵蚀有关。

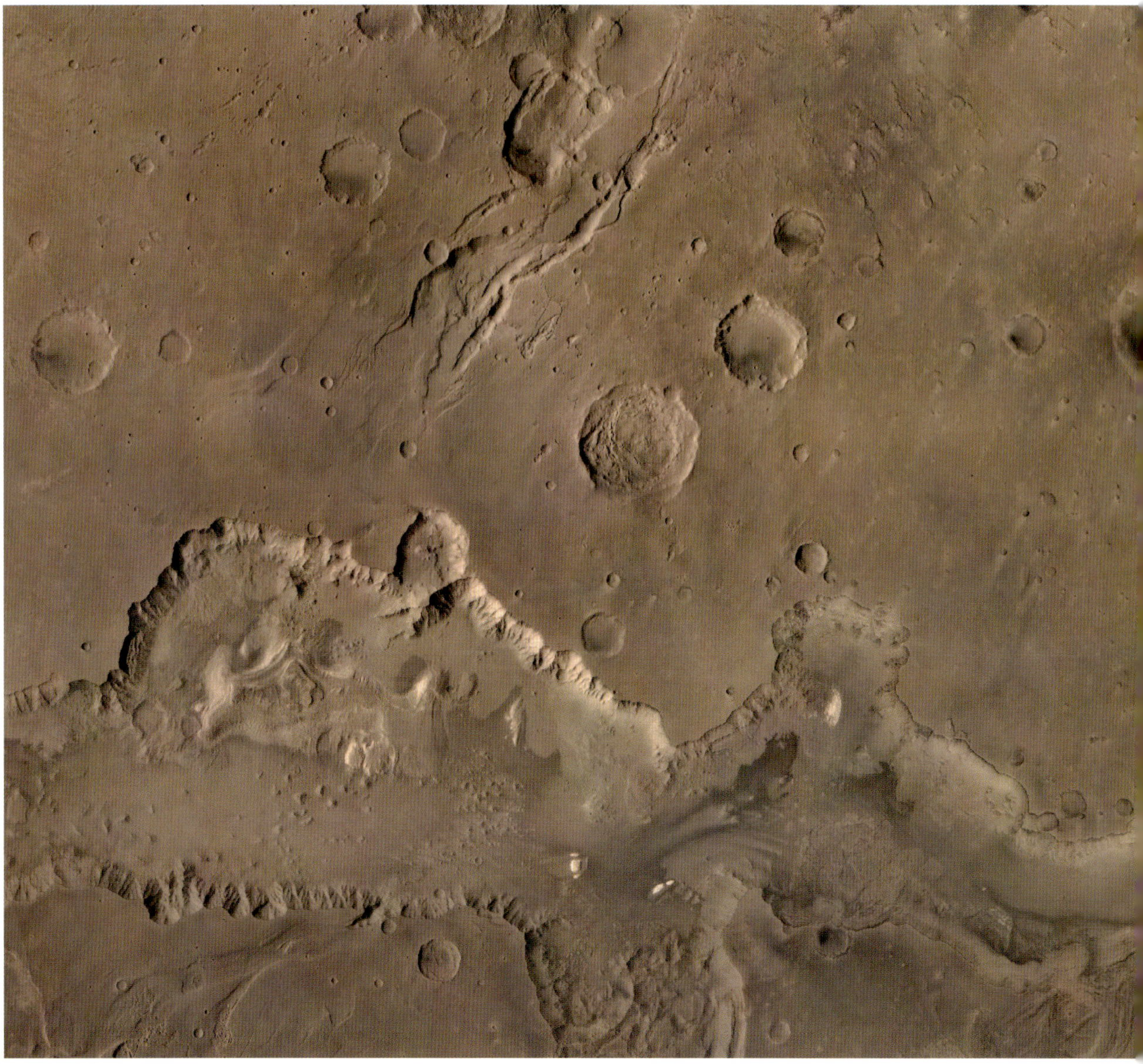

卡普里峡谷（Capri Chasma）

位于火星南半球赤道附近，中心经纬度为东经 317.93°、南纬 8.27°，长度 1471.56 千米，其底部平均海拔为－4000 米，周围的高原海拔在 2000 米以上。该峡谷的命名源于附近的反照率特征名。

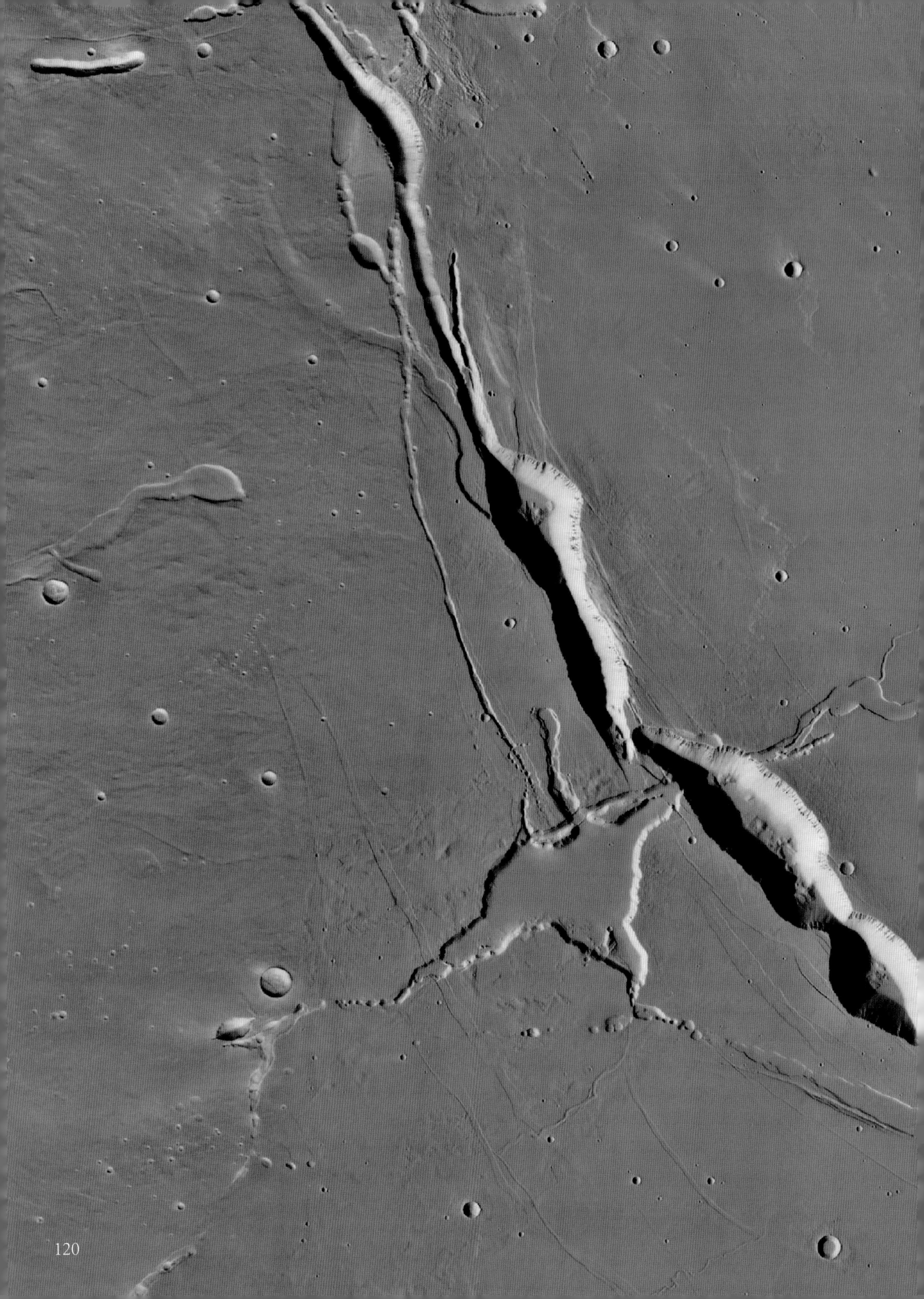

Elysium Chasma

埃律西昂峡谷（Elysium Chasma）

位于火星埃律西昂山西侧，中心经纬度为东经 141.51°、南纬 22.39°，长度 130 千米。该峡谷的命名源于附近的反照率特征名，其形成与埃律西昂火山活动有关。

丘陵

Collis, Colles

丘陵通常指火星表面相对较小的隆起地形，形态各异，有些呈圆顶状，有些为不规则的孤立隆起，广泛存在于火山区域、撞击坑周围以及河谷和湖泊遗迹中，往往与峡谷、山脉和陡崖等地形相邻或共生。

根据不同的成因，可将火星上的丘陵分为以下四类。

- **熔岩丘：**由火山喷发的熔岩冷却后堆积而成的圆形或椭圆形的低矮丘陵。
- **撞击丘：**通常出现在撞击坑的边缘，由小天体撞击时产生的碎屑物质堆积而成的丘陵。
- **风成丘：**由风作用在松散的表面沉积物上使其堆积形成的丘陵。
- **侵蚀丘：**在火星的干燥环境和强风作用下，岩石表层逐渐被侵蚀，剩余部分形成的丘陵。

阿雷纳丘陵（Arena Colles） 位于火星北半球，中心经纬度为东经 82.93°、北纬 24.63°，最大跨度 580.12 千米，由多个分散的小型丘陵组成，其命名源于附近的反照率特征名。这些小丘陵可能是一些较硬的岩石或沉积物，其周围较软的物质经过风蚀或其他侵蚀作用被逐渐剥蚀，最终留下相对突出的丘陵地貌。

阿韦尔诺丘陵（Avernus Colles） 位于火星南半球赤道附近，中心经纬度为东经 171.02°、南纬 1.73°，最大跨度 238.7 千米，其命名源于附近的反照率特征名。该丘陵由多个大小和形态各异的小型丘陵构成，分布

在一个相对平坦的区域内，有的较为孤立，有些成群分布。这些小丘陵呈圆顶或锥形，可能由火山活动或侵蚀过程形成。

山脊

Dorsum, Dorsa

火星上的**山脊**通常呈长条形或线性分布，长度从几千米到上百千米不等，高度则从几十米到数百米不等。这些山脊通常相对狭窄，具有陡峭的侧坡和较高的山顶，独立存在或成群出现，沿着特定方向延伸。

根据不同的成因，可将火星上的山脊分为以下四类。

- **褶皱山脊：** 火星地壳的压缩或挤压作用会导致岩层弯曲并向上隆起，形成褶皱山脊。
- **断层山脊：** 当火星表面的岩石层受到拉伸或压缩时，断层会沿着断裂面滑动，导致地表隆起，形成断层山脊。
- **火山脊：** 火山活动期间，熔岩在流动过程中被地形障碍物阻挡，或者熔岩流在冷却收缩时形成的山脊。
- **撞击山脊：** 当大型天体撞击火星表面时，巨大的能量会导致地壳的抬升和压缩，形成撞击坑周围的山脊。

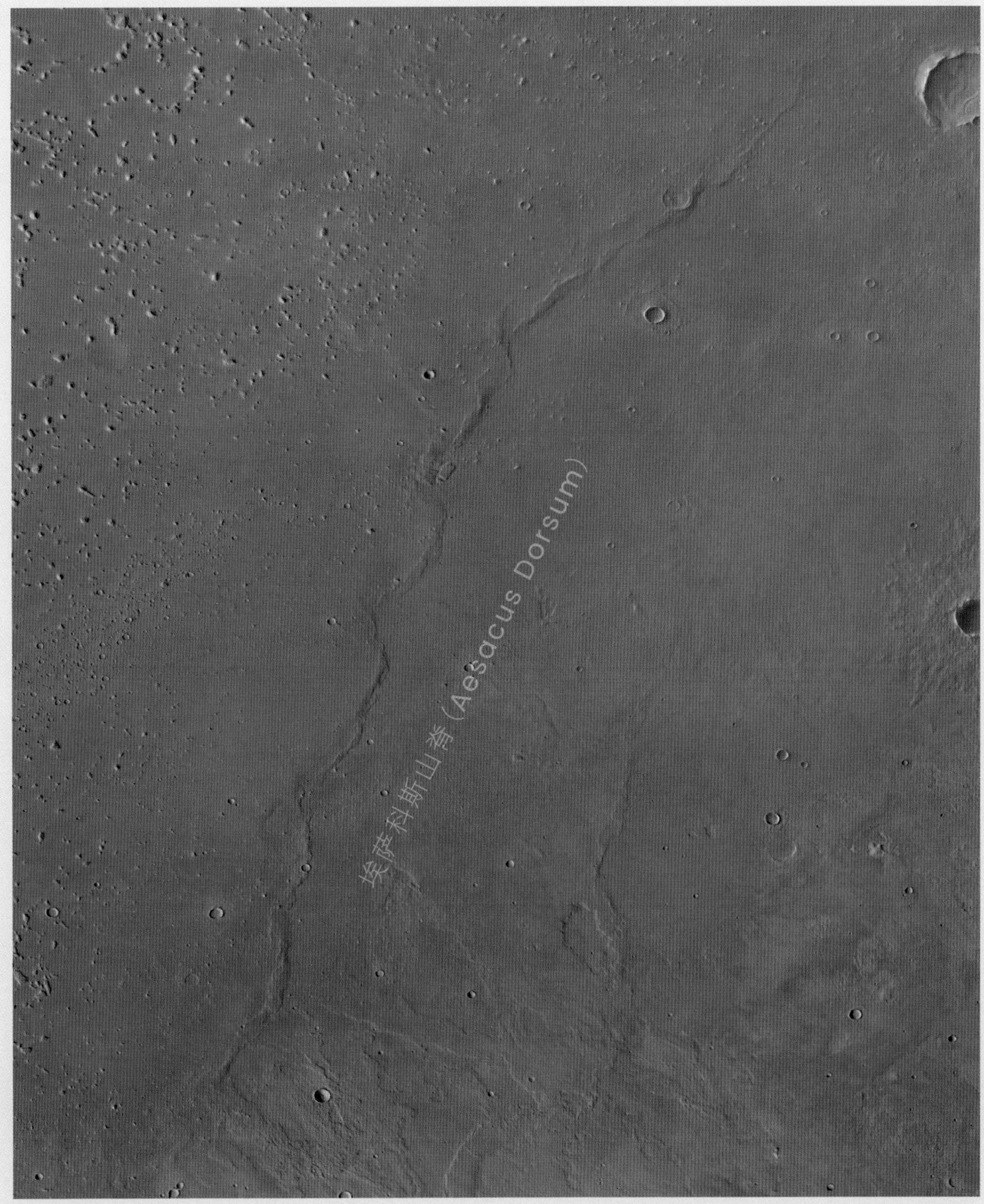

埃萨科斯山脊（Aesacus Dorsum）位于火星北半球，中心经纬度为东经 153.15°、北纬 36.82°，长度 276.69 千米，其命名源于东经 55°、北纬 45°的反照率特征名。该山脊绵延不绝，呈弯曲状分布，其高度明显高于周围的平原，可能是地壳在拉伸或压缩应力下变形导致的隆起，是火星构造活动的产物。

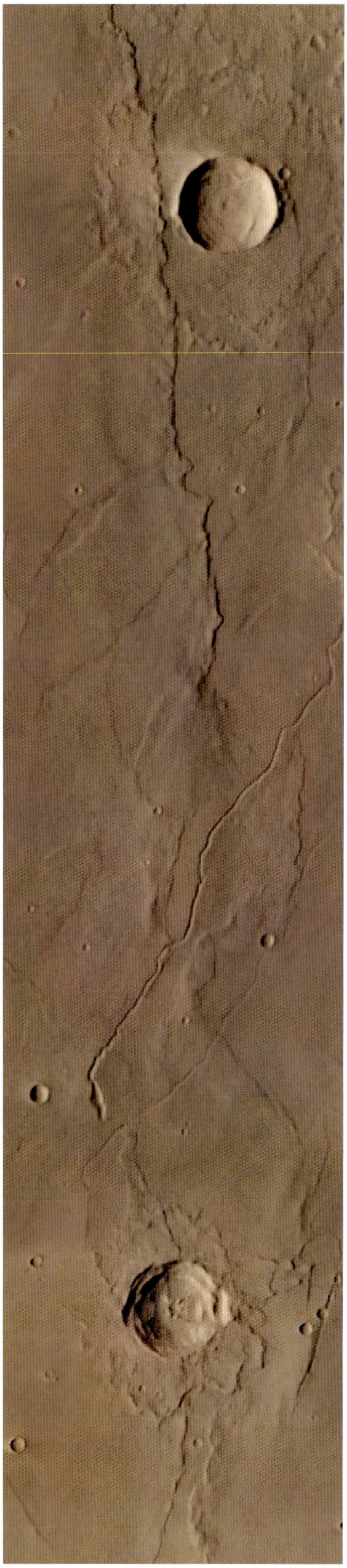

阿雷纳山脊（Arena Dorsum）

位于火星北半球，中心经纬度为东经 68.94°、北纬 12.71°，长度 372.03 千米，其命名源于附近的反照率特征名。该山脊形态曲折，线性结构明显，表面包含一些裂缝、沟壑或小型撞击坑，可能是由于地壳在应力作用下发生变形而形成的褶皱或背斜结构，类似于地球上的地壳隆起。

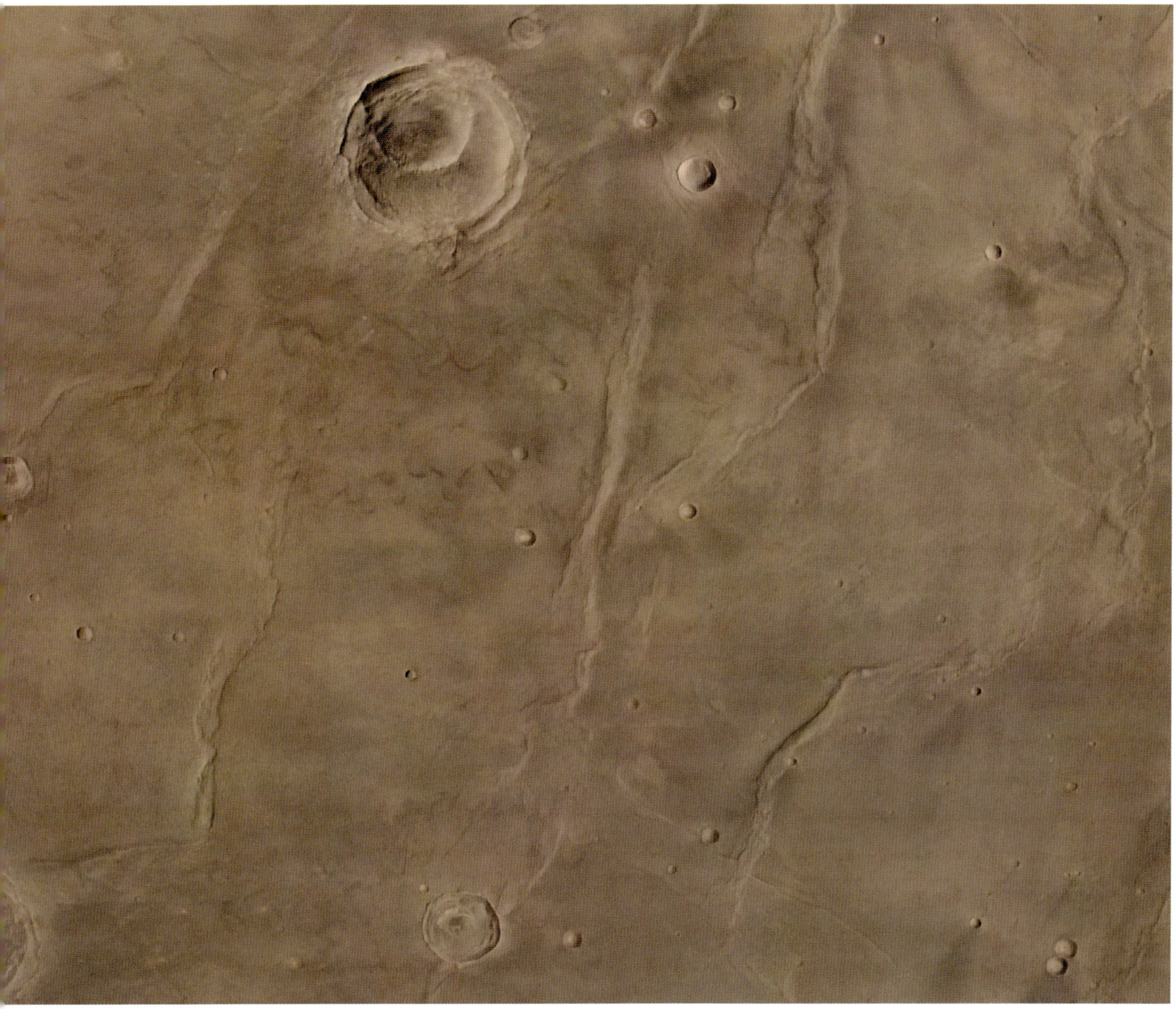

● 大猫山脊局部图

大猫山脊（Felis Dorsa） 位于火星南半球，中心经纬度为东经 294.1°、南纬 21.87°，长度 244 千米，其命名源于附近的反照率特征名。该山脊由多条近乎平行的山脊构成，表面分布有沟壑或撞击坑，可能是由于地壳在受到张力或压缩应力作用下形成的褶皱或断层结构。

流地

Fluctus, Fluctūs

流地通常是火星表面宽广、平坦的熔岩流或洪水留下的痕迹，其上有平行或曲折的线条和流动的形态。流地的成因可能源于火山活动，火山喷发产生的大量熔岩流向低洼区域，冷却后形成熔岩流，通常分布在火山附近，特别是火星上的盾状火山区域；也可能源于早期的水活动，大量的液态水在地表流动冲刷留下了洪流痕迹。

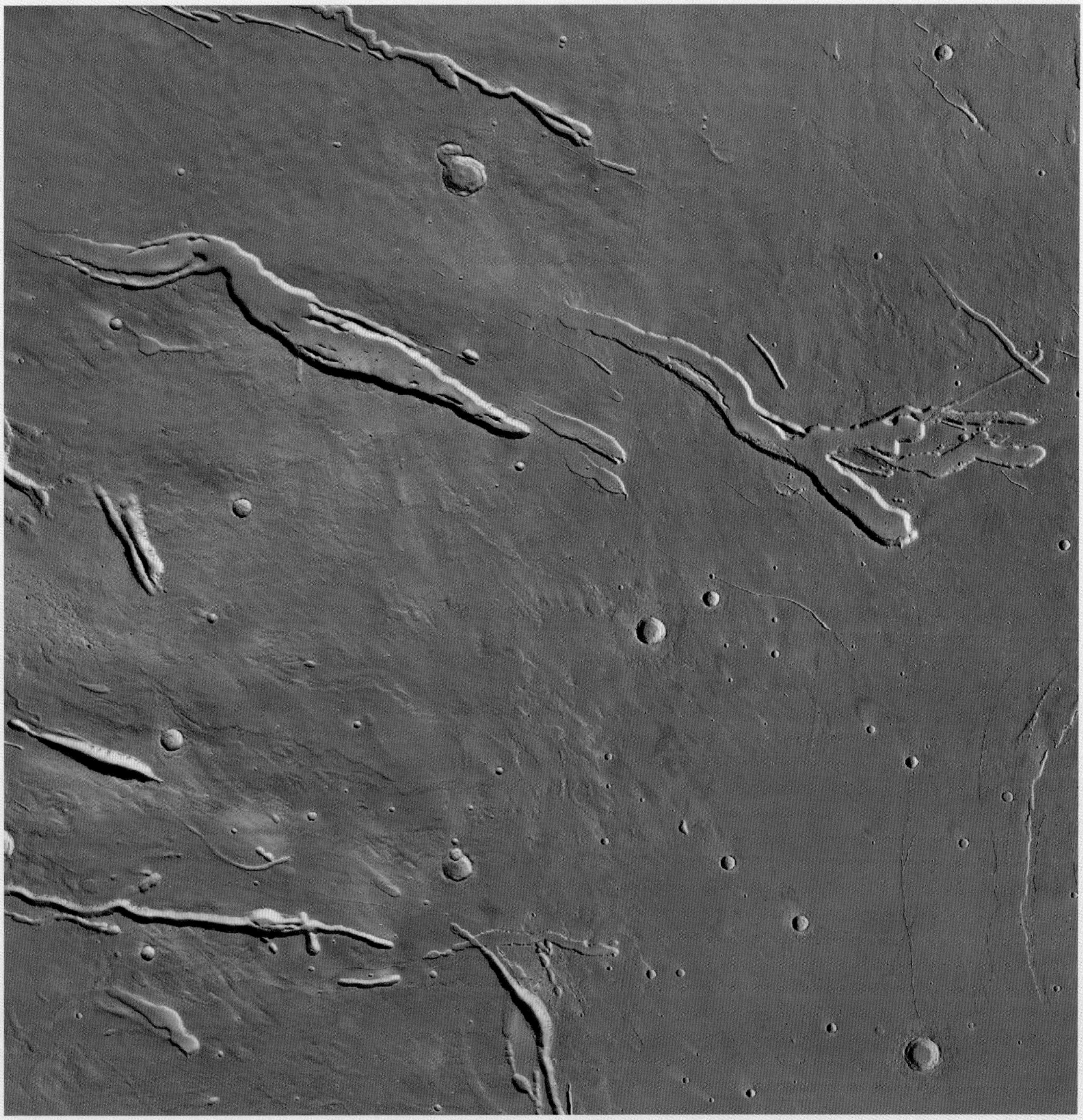

● 银河流地局部图

银河流地（Galaxias Fluctūs）位于火星北半球，中心经纬度为东经 143.03°、北纬 30.96°，最大跨度 607.03 千米，其命名源于附近的反照率特征名。该流地是一片宽广、平坦的熔岩流地，覆盖了周围的低洼地区，具有一些流动线条，可能由于火山喷发产生的熔岩流沿着地势向低处流动，最终冷却凝固形成。

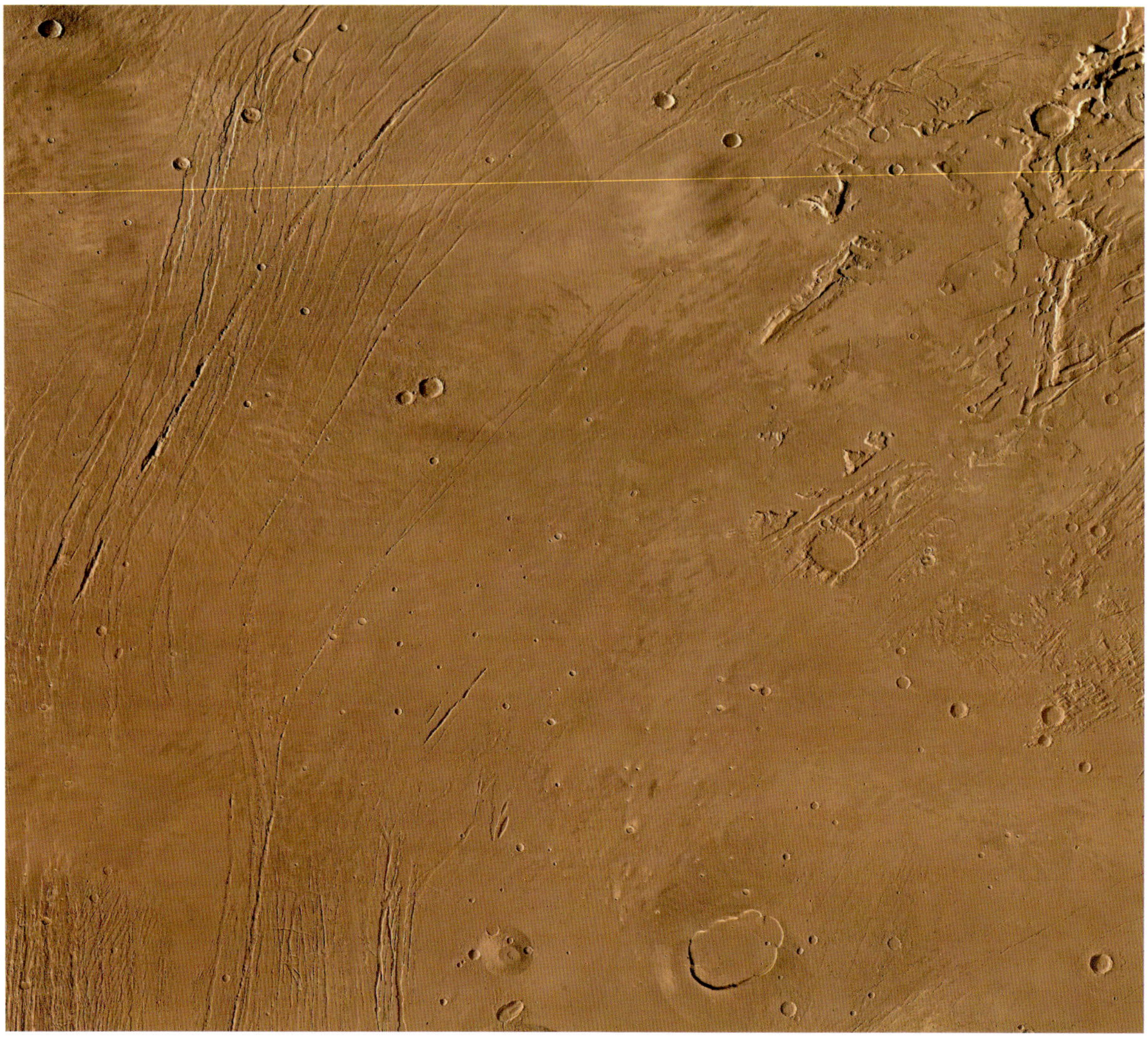

坦塔罗斯流地（Tantalus Fluctus） 位于火星北半球，中心经纬度为东经 264.32°、北纬 35.93°，最大跨度 794.34 千米，其命名源于附近的反照率特征名。该流地是一片宽广、平坦的熔岩流区域，具有明显的流动痕迹，可能由于火山喷发产生的大规模熔岩流逐渐冷却并固化形成。

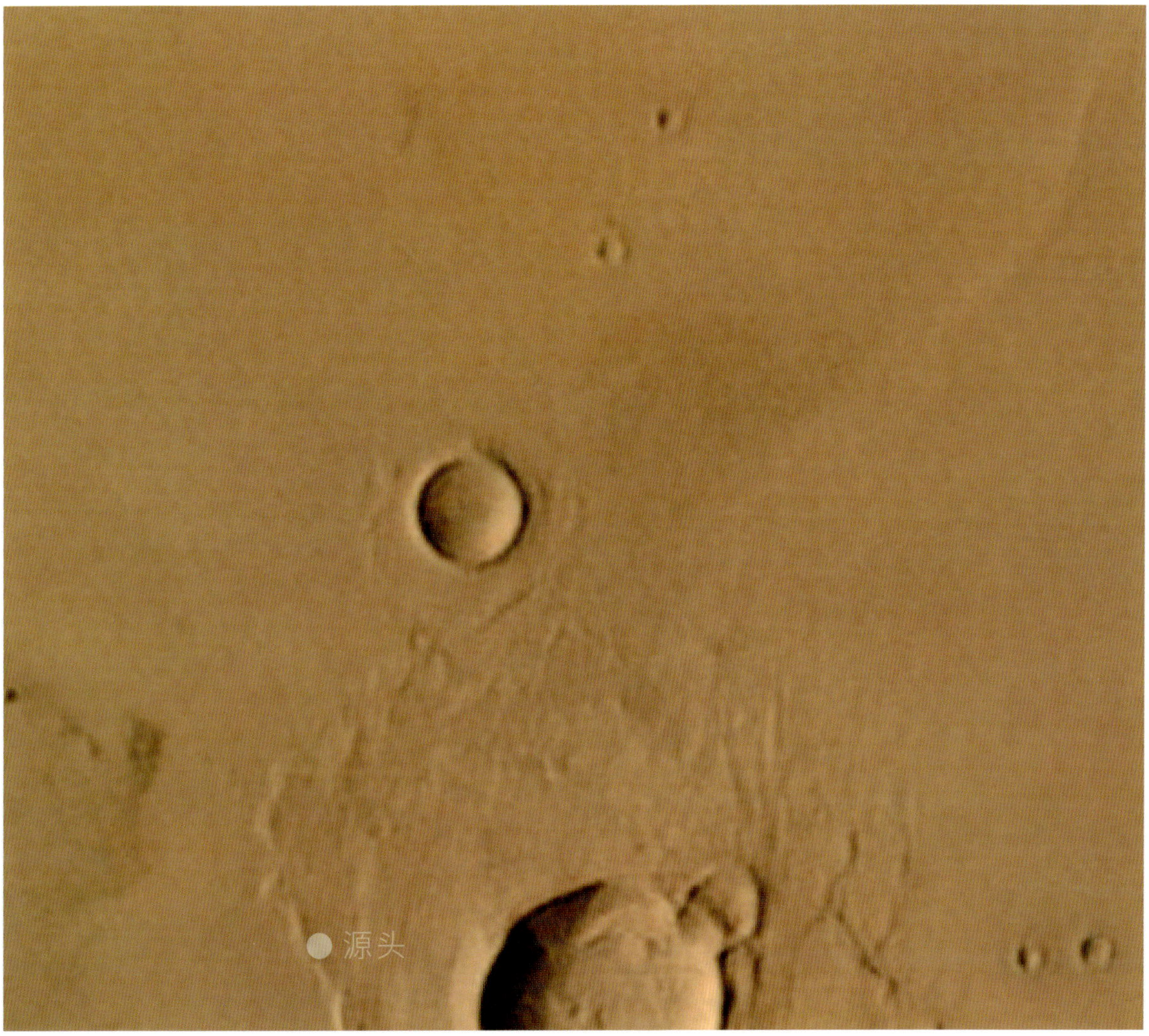

西风流地（Zephyria Fluctus） 位于火星北半球赤道附近，中心经纬度为东经 155.53°、北纬 0.72°，最大跨度 42 千米，平均宽 3 ～ 4 千米，其命名源于附近的反照率特征名。该流地可能形成于一次泥石流，其源头位于图中左下角（见标注）一个约 20 米深的洼地。

沟

Fossa, Fossae

沟在火星上的分布较为广泛，在高地与低地之间的过渡区更为常见。沟的长度从几千米到数百千米不等，宽度通常较窄，一般在数十米到数千米之间，形态不一，有的为单一裂缝，有的由多条平行或交错的裂缝组成。沟的形成可能是火星表面地壳的张力导致岩石层的拉伸和断裂，也可能是火山地下岩浆运动造成的地表断裂带。

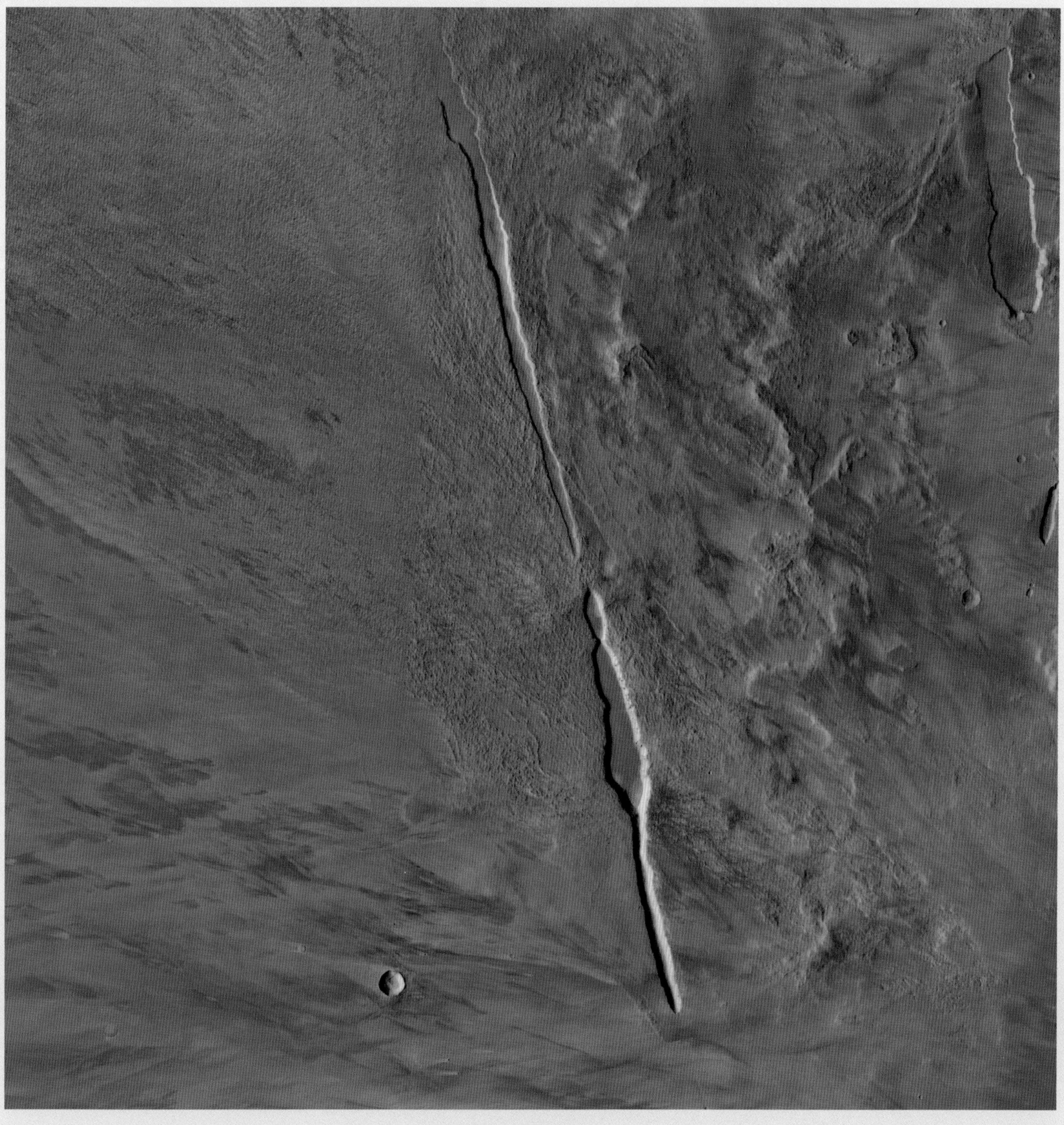

阿伽尼佩沟（Aganippe Fossa）位于火星南半球，中心经纬度为东经 234°、南纬 8.49°，长度 537.16 千米，其命名源于附近的反照率特征名。该沟呈直线状，整体延伸较长，宽度变化较大，部分区域不连续，可能由火星地壳的拉伸和扩展造成。当地壳受到张力作用时，岩层被拉伸并发生断裂，进而形成长直形的凹陷。

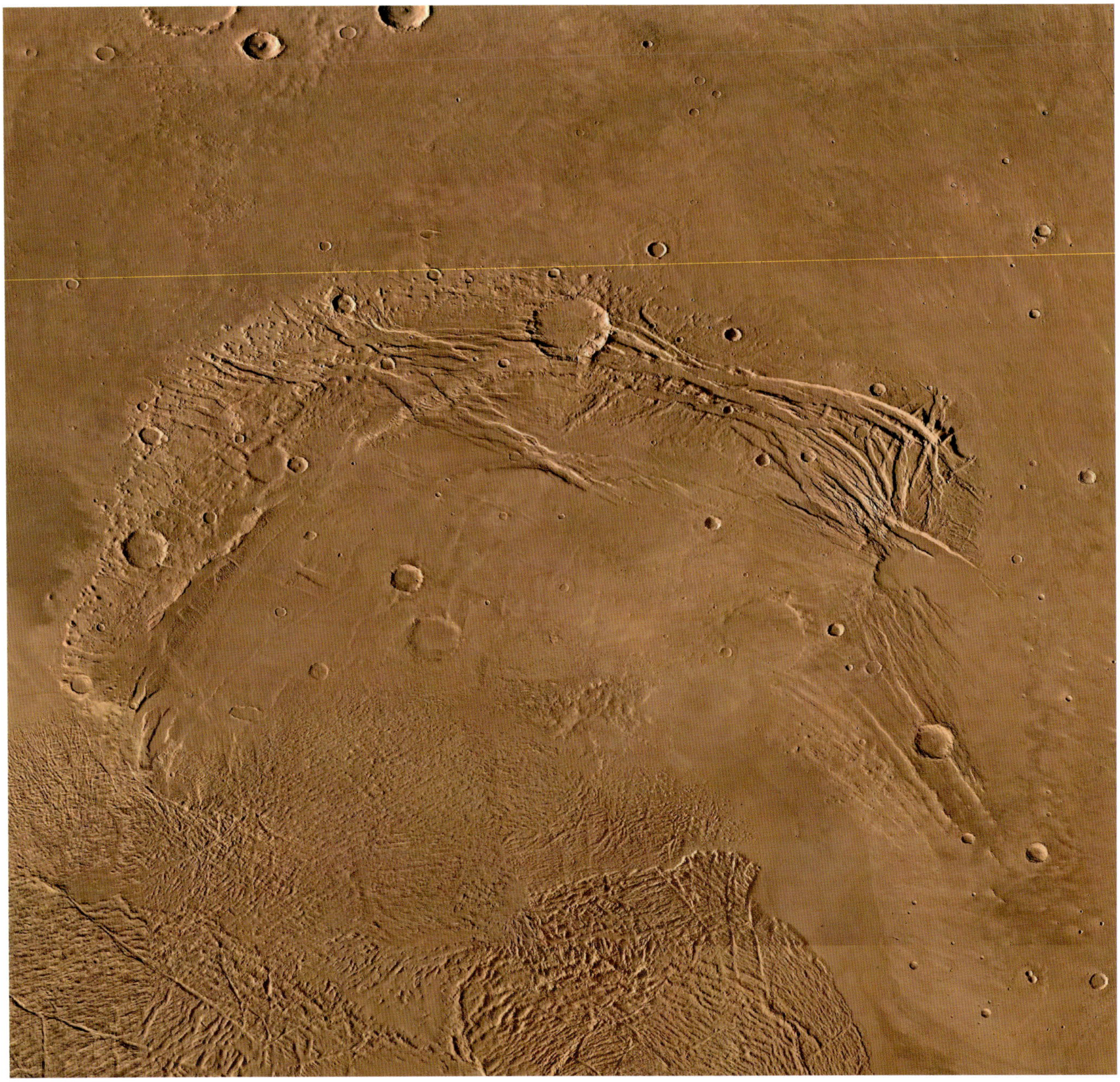

阿刻戎沟（Acheron Fossae） 位于火星北半球，中心经纬度为东经 224.98°、北纬 38.27°，长度 703.11 千米，其命名源于东经 220°、北纬 35°的反照率特征名。该沟由多条弯曲的小沟组成，整体呈月牙状，小沟之间基本平行，表面分布着一些撞击坑，可能源自其附近火山地下岩浆的侵入和膨胀引发的地壳拉伸和断裂。

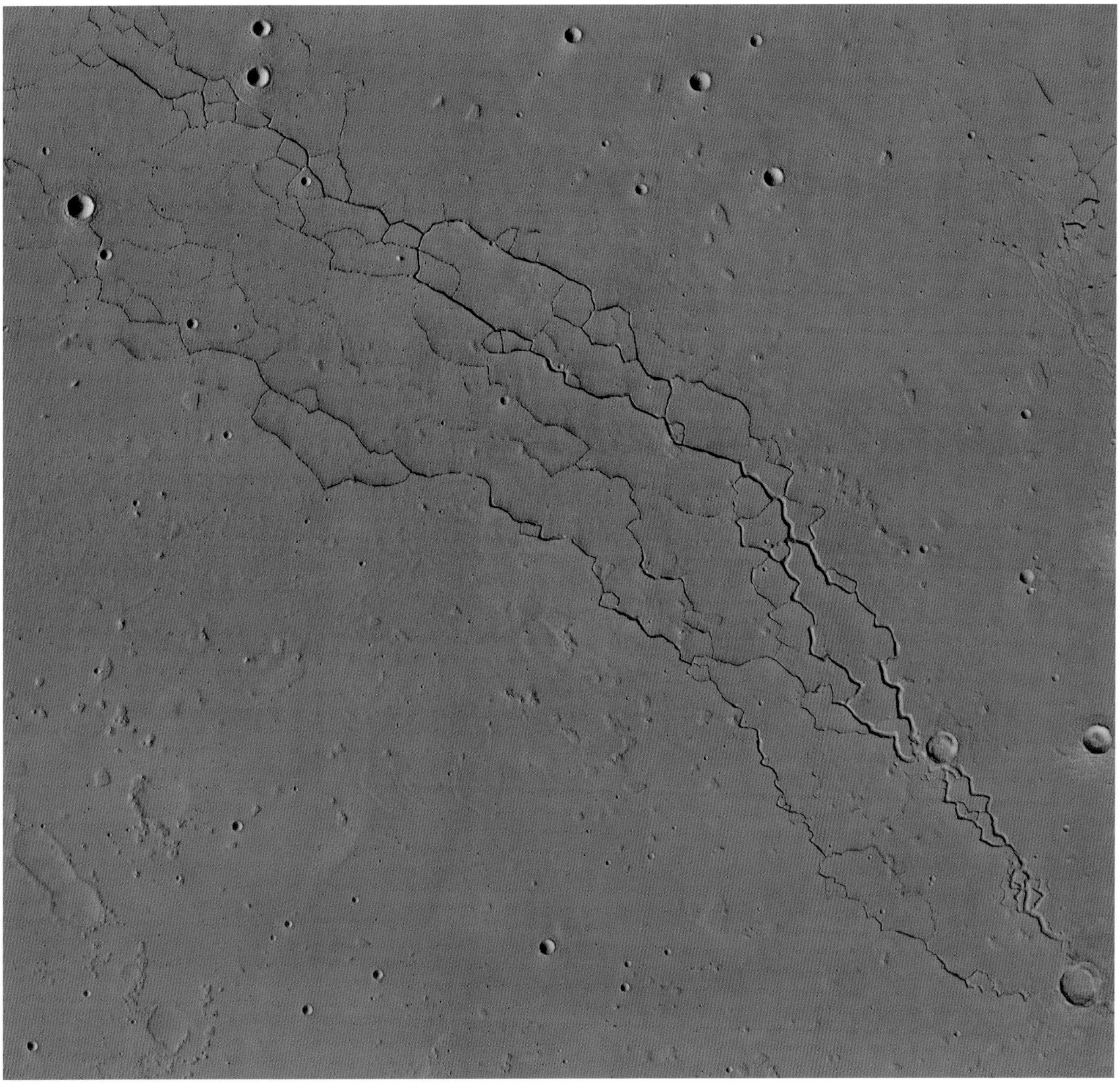

赫淮斯托斯沟（Hephaestus Fossae） 位于火星北半球，中心经纬度为东经 122.85°、北纬 20.84°，长度 633.32 千米，其命名源于附近的反照率特征名。该沟由多条曲折且相互交错的裂隙组成，整体延伸趋势一致，可能是火星内部构造应力导致地壳运动，造成地表断裂，形成裂谷。

滑坡

Labes, Labēs

火星表面的**滑坡**是指由于重力作用，岩石或土壤从斜坡上滑落或坠落形成的地形。滑坡地貌广泛分布在火星的各种地质环境中，包括撞击坑、山脉和峡谷等地区，通常呈现出沟壑或者陡崖的形态，滑落的土壤和岩石在底部堆积形成堆积体。当坡面上的土壤、岩石的重量超过坡面的抗剪强度时，斜坡上的物质就会在重力的作用下沿坡面下滑，导致滑坡。

炫白滑坡（Candor Labes）位于水手谷北部，中心经纬度为东经 284°、南纬 4.79°，最大跨度 134.94 千米，其命名源于东经 285°、北纬 5°的反照率特征名。该滑坡是火星最为显著的滑坡地貌之一，具有巨大的规模和典型的地貌特征，整体地势起伏较大，周围滑坡崖突出，滑坡堆积物明显，周边沿水手谷一带的滑坡较多，处于滑坡多发区域。

墨拉斯滑坡（Melas Labes） 位于水手谷中部的墨拉斯峡谷北侧，中心经纬度为东经 288.3°、南纬 8.53°，最大跨度 107.24 千米，其命名源于东经 286°、南纬 10°的反照率特征名。该滑坡附近区域的起伏较大，表明这一地区曾存在剧烈的地质活动。

俄裴滑坡（Ophir Labes） 位于水手谷北部的俄裴高原区域，中心经纬度为东经 291.72°、南纬 11.01°，最大跨度 92.53 千米，其命名源于东经 295°、南纬 10°的反照率特征名。该坡主要表现为滑坡和断裂结构，规模巨大，区域广泛，是火星上标志性的大型滑坡地貌之一。

迷宫

Labyrinthus, Labyrinthi

迷宫是由火星上一系列相互交错的山谷或山脊形成的复杂地形，因其独特的“迷宫”状地形得名，其间遍布着峡谷、断裂带、沉降区和滑坡等地质现象，形成了不规则的地貌和地质层次，反映了火星表面极其复杂的地质过程。迷宫的成因与火星内部的构造活动有关，在内部构造应力的作用下，产生了大量的断裂和褶皱，形成了错综复杂的地貌，同时风蚀作用会进一步加深裂缝、削平高地，使这一地形更加复杂。

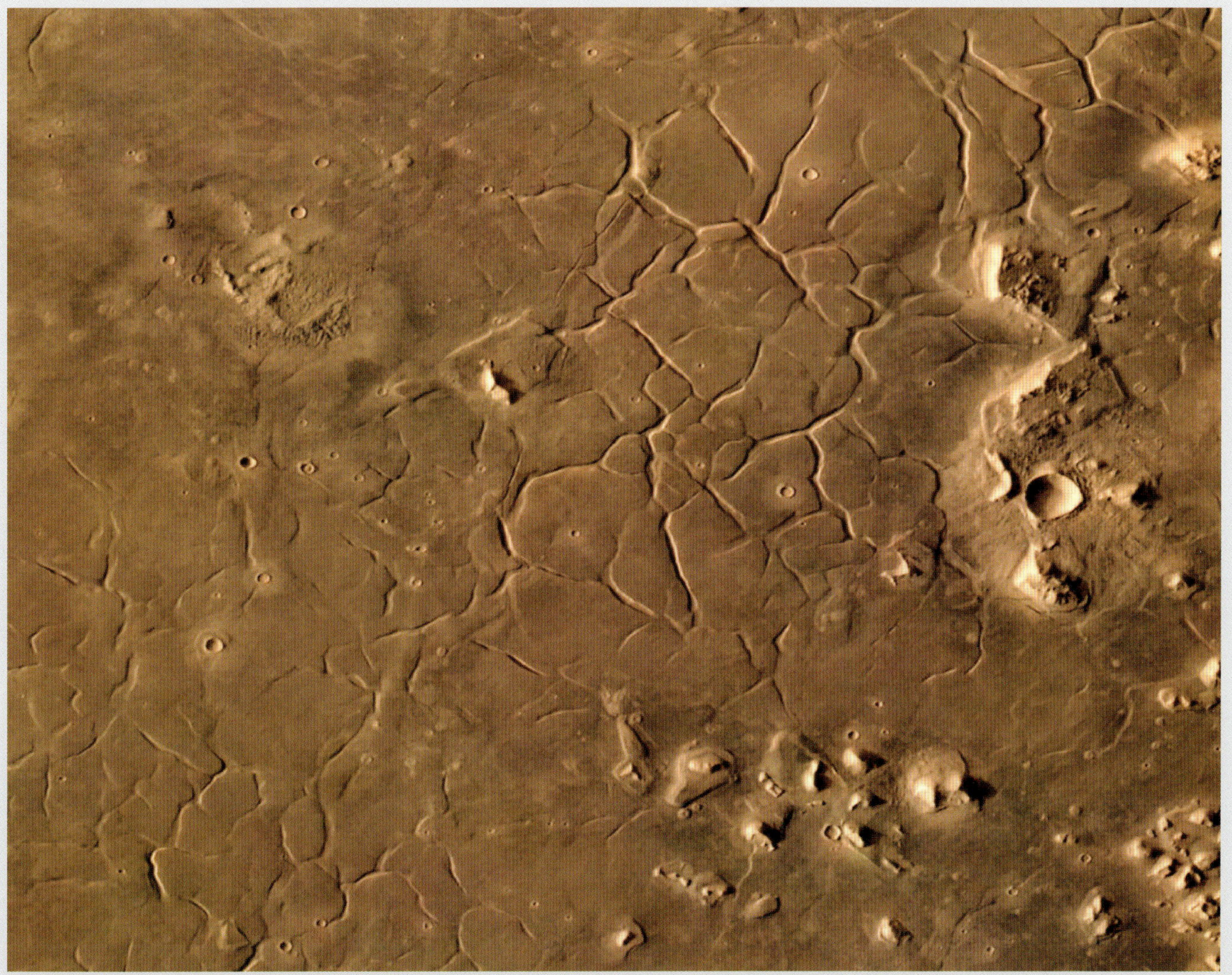

西多奈亚迷宫（Cydonia Labyrinthus） 位于火星北半球，中心经纬度为东经 347.95°、北纬 41.29°，最大跨度 344.05 千米，其命名源于东经 5°、北纬 50°的反照率特征名。该迷宫表面布满了深沟壑和错综复杂的峡谷，受到科学家的广泛关注。

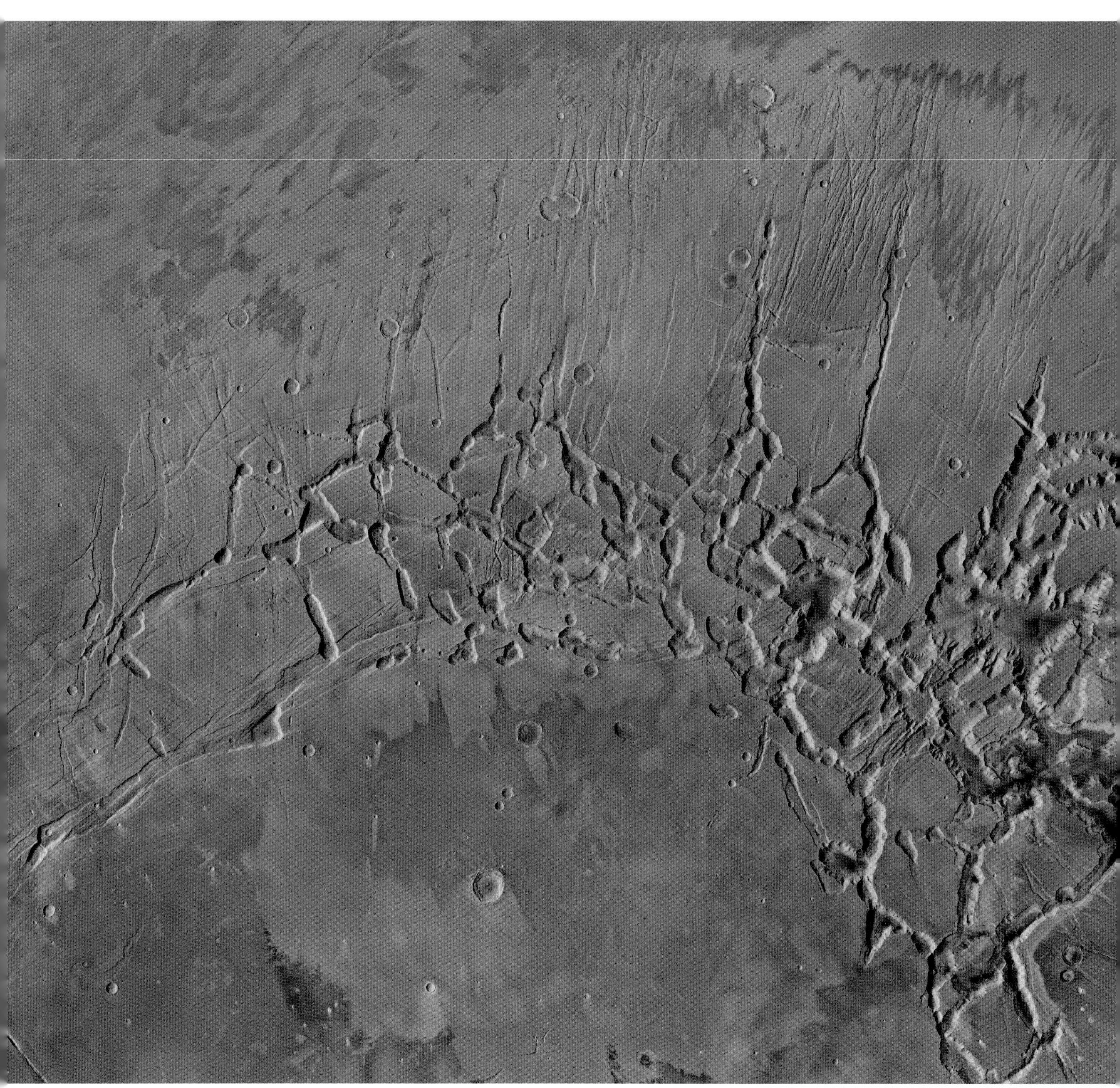

Noctis Labyrinthus

诺克蒂斯迷宫（Noctis Labyrinthus）

位于火星南半球赤道附近，中心经纬度为东经 258.81°、南纬 6.36°，最大跨度 1190.31 千米，其命名源于附近的反照率特征名。该迷宫以其复杂的裂谷网络而闻名，极具视觉冲击力。裂谷的深度和宽度变化很大，可能是由于地壳张力和地质活动造成的，反映了火星上古老的地质演变过程。

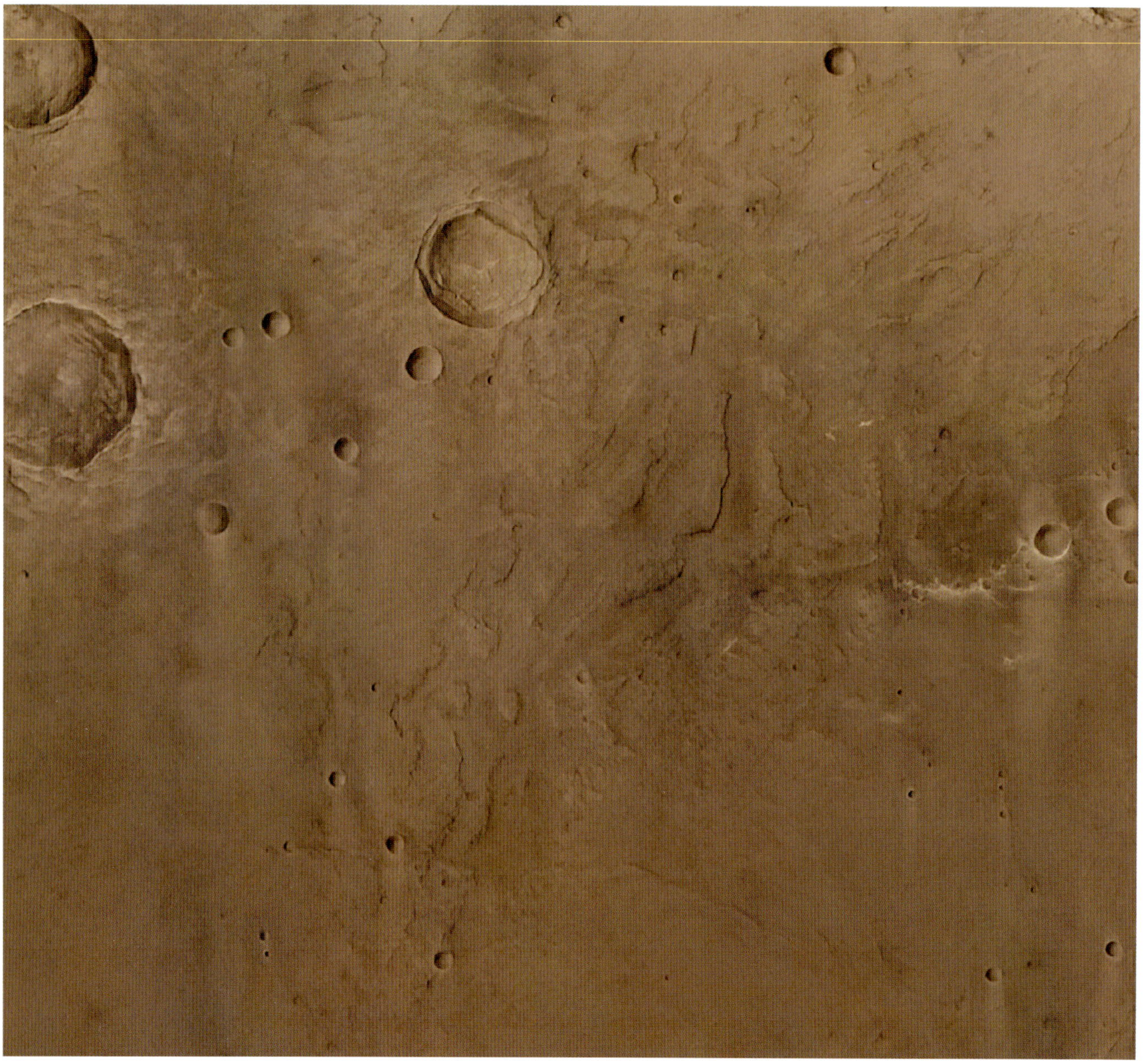

Tyrrhenus Labyrinthus

第勒尼安迷宫（Tyrrhenus Labyrinthus）

位于火星南半球，中心经纬度为东经 101.12°、南纬 16.18°，最大跨度 102.68 千米，其命名源于附近的反照率特征名。该迷宫可能是由地壳张力或火山活动引起的。

高原舌

Lingula, Lingulae

高原舌集中在火星的南北纬 80°附近，是指高原向外延伸具有圆叶状或舌状边界的地貌，通常呈现出逐渐变细的形态。高原舌的边缘较为陡峭，形成垂直或近垂直的断崖，通常是冰川侵蚀或风蚀作用的结果，使得突出物与周围地貌形成鲜明对比。高原舌的顶部通常较为平坦或呈微倾斜状态，可能是在冰川或风蚀过程中受到的侵蚀作用较为均匀，从而形成了相对平坦的表面。有些高原舌还显示出明显的地质层次结构，呈现出不同侵蚀阶段或地质时期的沉积物和岩层。

南方高原舌（Australe Lingula）位于火星南极区域，中心经纬度为东经 68.56°、南纬 84.05°，最大跨度 436.33 千米，其命名源于附近的反照率特征名。该高原舌从南极冰盖中突出，形成了一个狭长的舌状地形，可能与南极冰盖的冰川活动和风蚀作用有关，季节性的冰雪变化也会对其形态产生影响。

普罗米修斯高原舌（Promethei Lingula）位于普罗米修斯高地区域，中心经纬度为东经 119.89°、南纬 82.8°，最大跨度 571.63 千米，其命名源于附近的反照率特征名，“普罗米修斯”是古希腊神话中的人物。该高原舌在冰川活动、风蚀以及沉积过程的共同作用下形成。

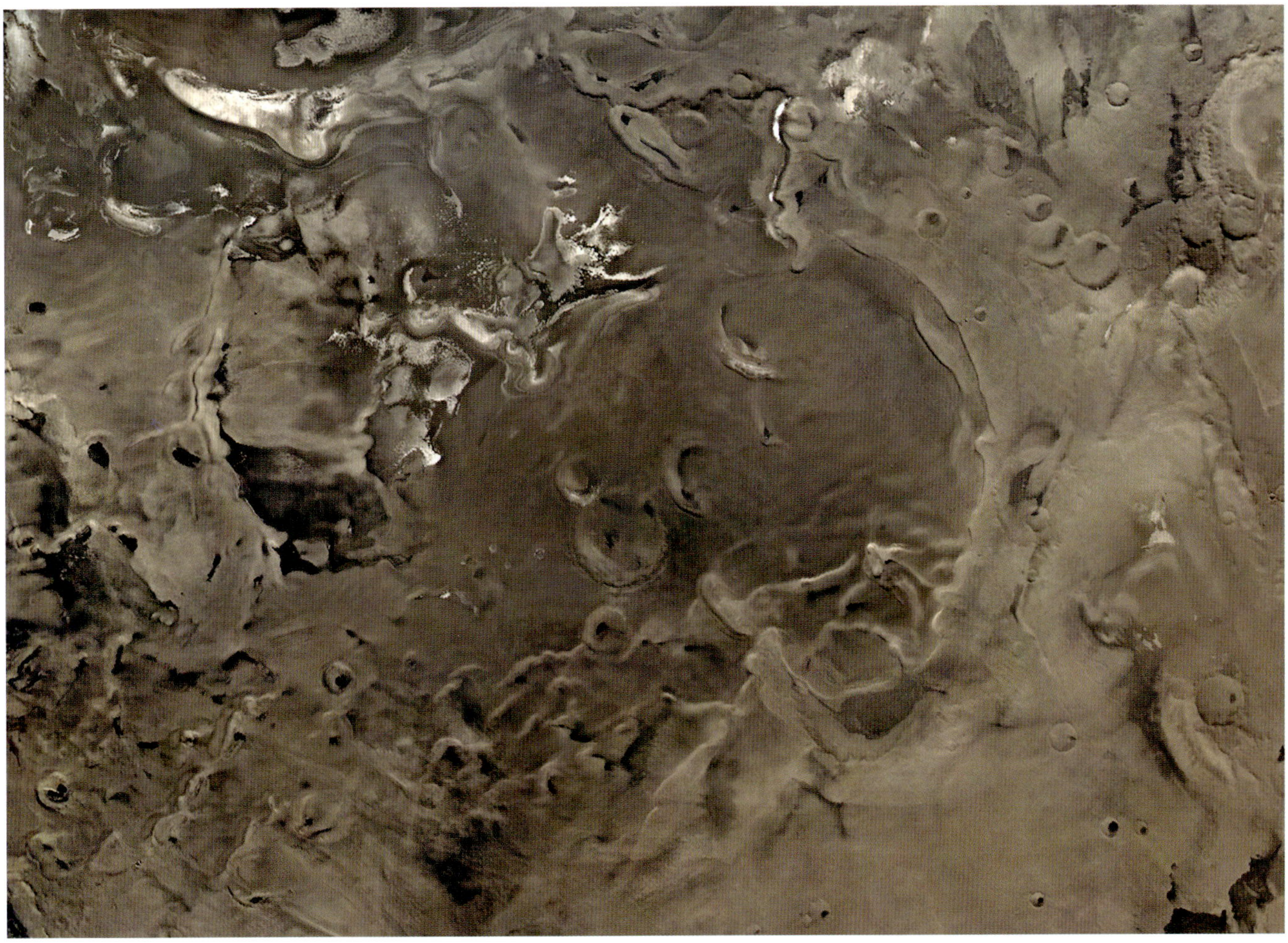

远尽高原舌（Ultima Lingula）位于火星南极地区，中心经纬度为东经 142.56°、南纬 76.32°，最大跨度 551.28 千米，其命名源于附近的反照率特征名。该高原舌以其叶状突起而闻名，呈现出从周围的冰盖和地形中显著突出的形态。

暗斑

Macula, Maculae

暗斑是火星上一种独特的地貌，常见于低地和极地区域，形状不规则，呈斑点状或带状分布，这些“斑点”边界通常较为清晰，颜色较暗，与周围浅色地貌形成鲜明对比。目前，在火星上仅发现一片区域存在暗斑地貌。

暗斑的形状和分布模式通常受到火星地质过程的影响，某些情况下暗斑表面显示出一定的纹理特征，如条纹、波纹或网状图案。这些纹理可能由风蚀作用、沉积过程或其他地质活动形成。有些暗斑具有明显的层次结构，反映了不同沉积阶段或地质时期的变化。

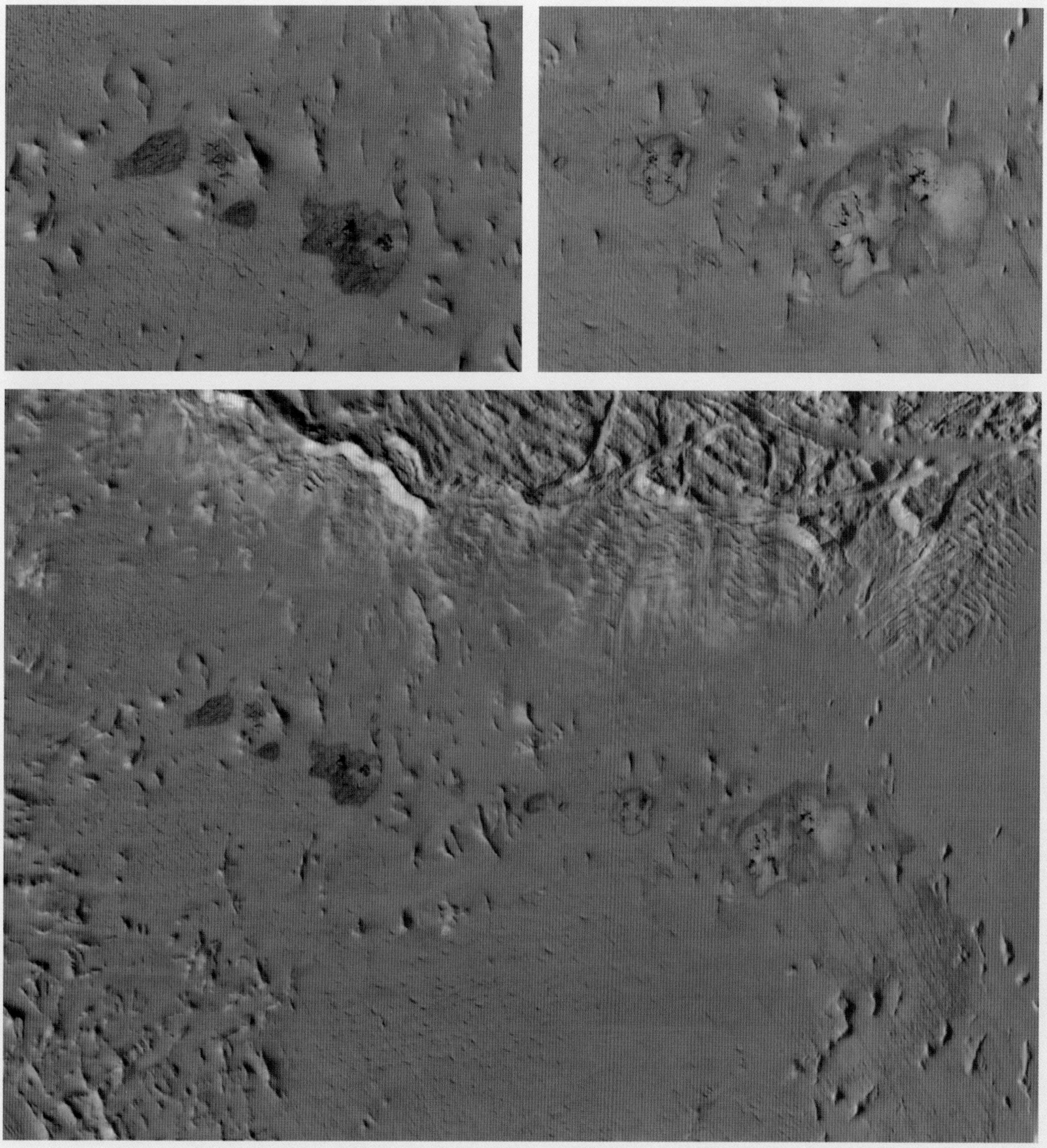

奥林波斯暗斑（Olympus Maculae） 位于奥林波斯山附近，中心经纬度为东经 217.16°、北纬 17.36°，最大跨度 124 千米，其命名源于奥林波斯山。

方山

Mensa, Mensae

火星上的**方山**也被称为平顶山或桌山，通常由侵蚀过程形成。在古老的火星地表，熔岩覆盖层、沉积层等受到风蚀或水蚀作用，较软的材料被逐渐侵蚀，只留下硬岩层，最终形成顶部平坦、边缘陡峭的方山。有些方山可能与火山活动相关，是由古代火山活动的熔岩流冷却后形成的。在火星上，mensae 这个词也被用来指沿高地－低地边界的长陡坎，以及水手谷中层状沉积物的平顶沉积。

阿茜达利亚方山（Acidalia Mensa）

位于火星北半球，中心经纬度为东经 334.66°、北纬 46.69°，最大跨度 226.86 千米，其命名源于附近的反照率特征名。该方山地形相对平坦，是了解火星历史特别是水活动历史的重要区域。

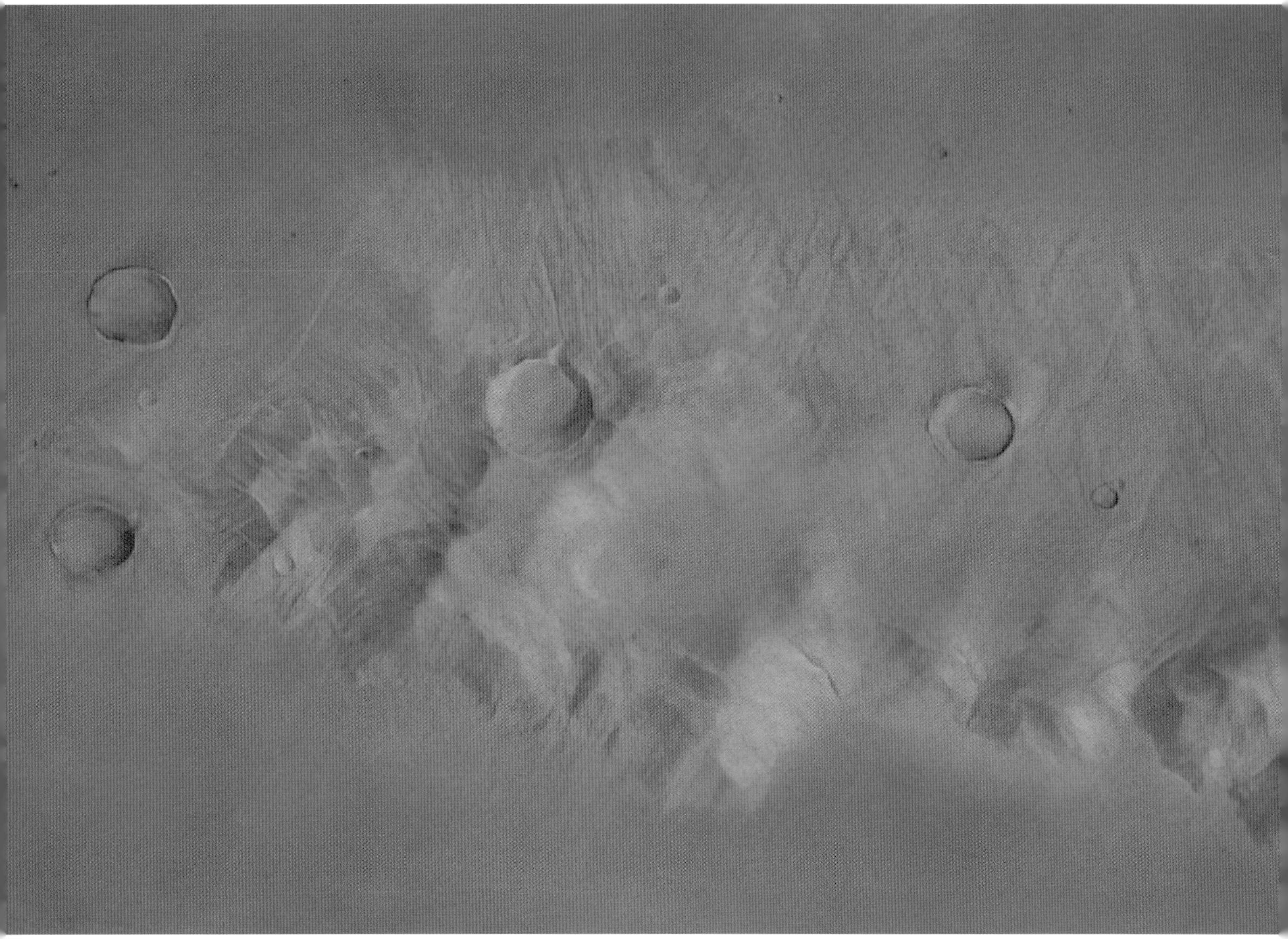

Ausonia Mensa

奥索尼亚方山（Ausonia Mensa）

位于火星南半球，中心经纬度为东经 97.72°、南纬 30.02°，最大跨度 102.51 千米，其命名源于附近的反照率特征名。该方山的研究有助于理解火星独特的风化和沉积过程。

Capri Mensa

卡普里方山（Capri Mensa）位于水手谷中的科普刺塔斯峡谷（Coprates Chasma），中心经纬度为东经 312.81°、南纬 13.73°，最大跨度 282.35 千米，其命名源于附近的反照率特征名。该方山可能由流水侵蚀和风蚀共同作用形成。

山、山脉

Mons, Montes

与地球一样，火星上也存在大量的**山脉**。其中，孤立的大型高山称为“山”，一系列高山组合在一起称为“山脉”。火星缺乏活动板块构造，山脉主要与火山活动有关，当岩浆沿着岩墙侵入地壳，持续堆积将地层整个托起，形成山脉。有时岩浆冲破地表，形成喷出式火山，岩浆覆盖地表并逐渐堆积，冷却凝固后形成山脉，这类山脉通常有火山口和岩浆流动的冲沟。

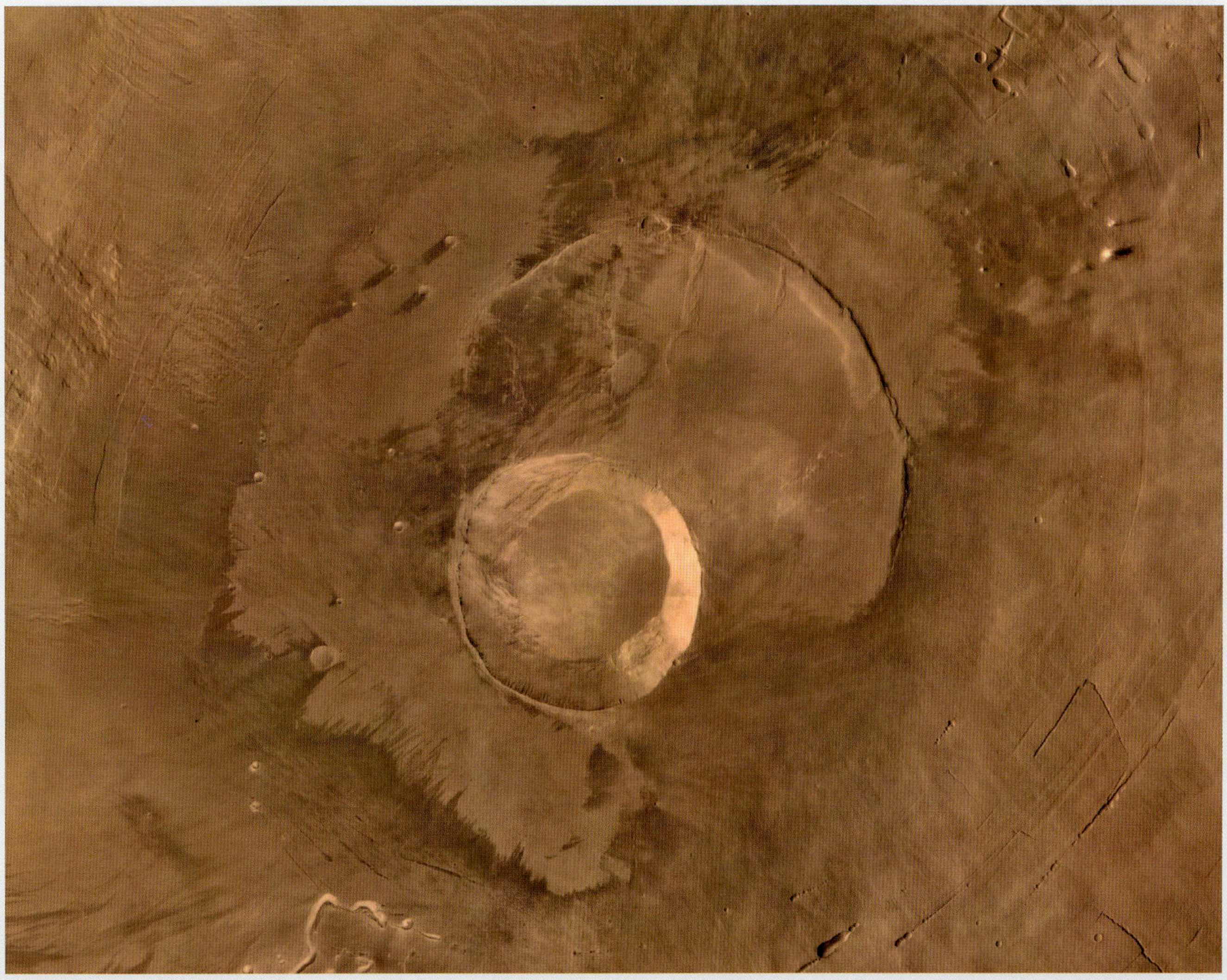

孔雀山（Pavonis Mons） 位于火星赤道区域，中心经纬度为东经 247.04°、北纬 1.48°，最大直径 366.53 千米，其命名源于附近的反照率特征名。该山属于塔尔西斯山脉三座火山中居中的一座，其顶部可以看到一个巨大的火山口，最大直径约 50 千米。

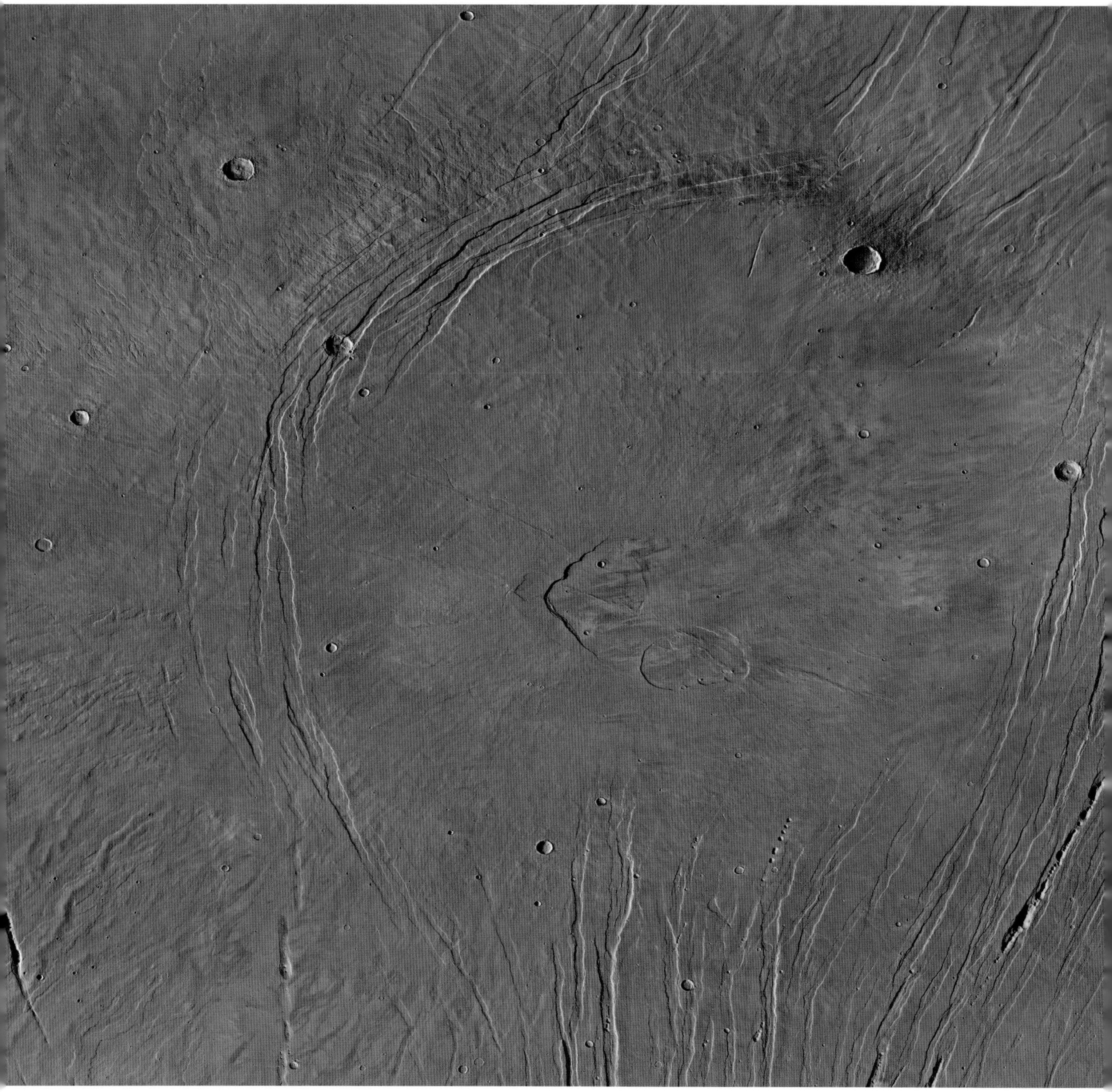

Alba Mons

阿尔巴山（Alba Mons） 位于火星北半球，中心经纬度为东经 249.29°、北纬 41.08°，最大直径 548.02 千米，其命名源于附近的反照率特征名。该山顶部有两个凹坑，可能是火山口，周围分布着大量沟谷状地貌，整体形态属于大型盾状火山。

沼泽

Palus, Paludes

火星上的**沼泽**是具有沉积特征的低洼平地，形貌类似于地球上的湿地或沼泽，可能由火星上的水、风携带的物质或火山灰沉积形成。

埃俄利斯沼泽（Aeolis Palus） 位于盖尔撞击坑内，中心经纬度为东经 137.42°、南纬 4.47°，最大跨度 111.63 千米，其命名源于附近的反照率特征名。盖尔撞击坑是火星科学研究的一个关键地点，蕴含着丰富的地质历史记录，美国的好奇号火星车于 2012 年着陆于这一区域。该沼泽的研究是理解火星是否曾有过生命，以及它的气候如何演变的重要对象。

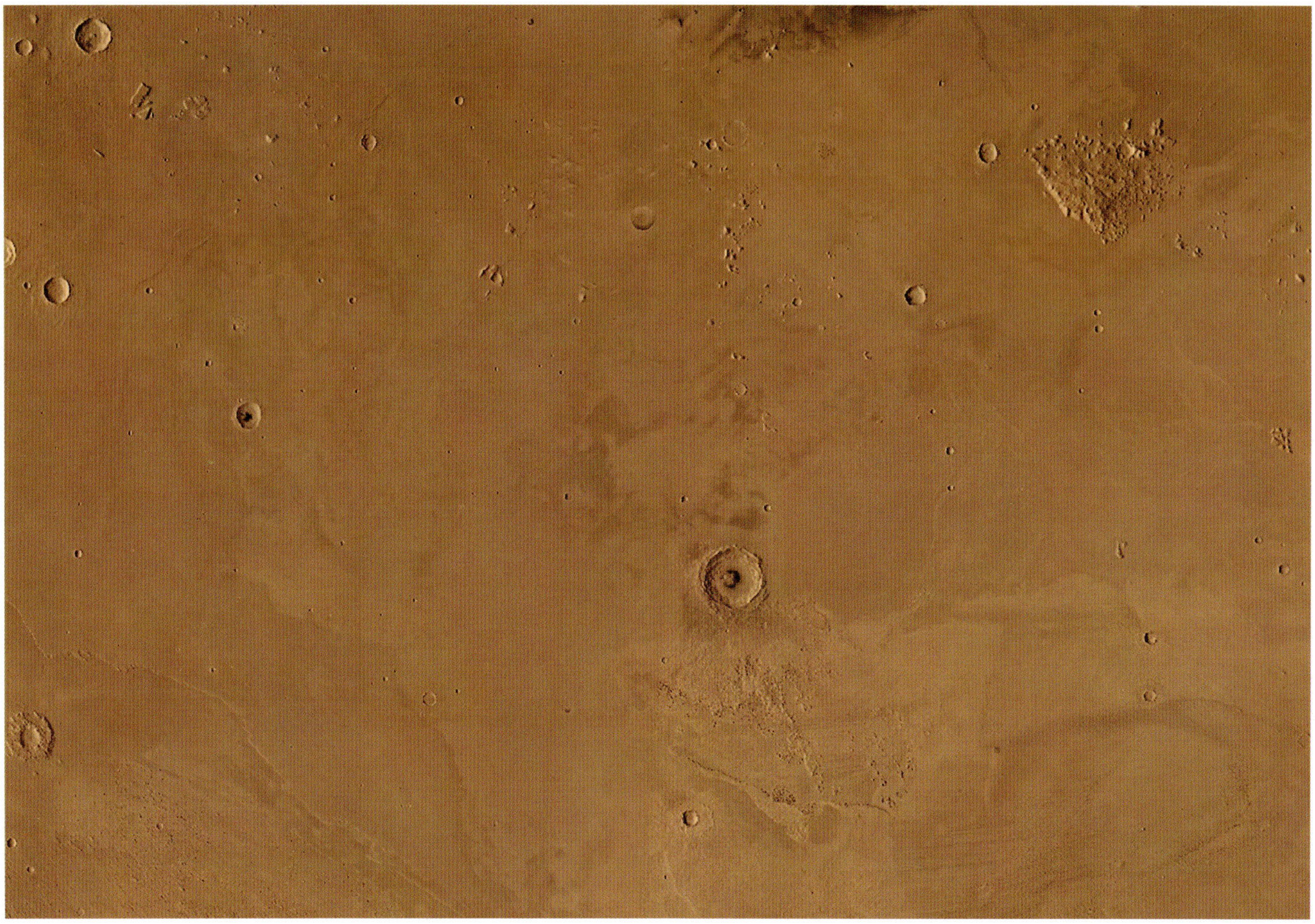

刻耳柏洛斯沼泽（Cerberus Palus） 毗邻火星赤道附近的刻耳柏洛斯沟（Cerberus Fossae），中心经纬度为东经 148.15°、北纬 5.78°，最大跨度 466.68 千米，其命名源于附近的反照率特征名。该沼泽是火星上一片复杂的地质区域，对揭示火星的地质和水文历史非常有价值。

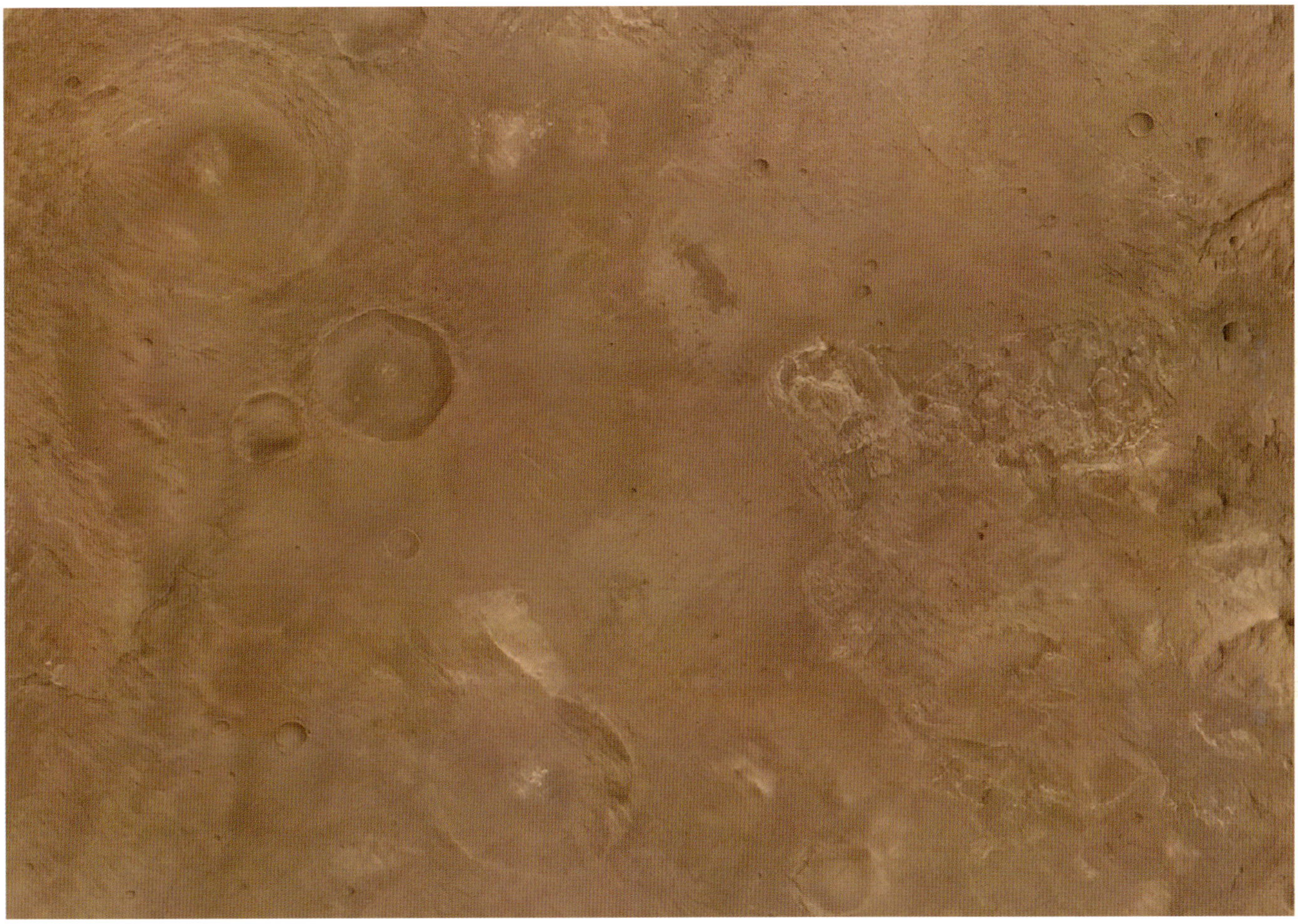

亚得里亚沼泽（Hadriacus Palus） 位于火星南半球希腊平原（Hellas Planitia）的北面，中心经纬度为东经 77.3°、南纬 27.25°，最大跨度 176.33 千米，其命名源于附近的反照率特征名。

碟形坑

Patera, Paterae

碟形坑是指火星上具有不规则或扇形边缘的大型平坦凹陷洼地，多数为火山碟形坑，其形成与古火山活动有关。当火山喷发时，熔岩从地表喷出，喷发停止后，火山内的熔岩柱退去，无支撑的山顶岩石部分坍塌，形成了火山口。同一火山多次喷发－退去后构造了相互重叠的火山口，形成碟形坑。

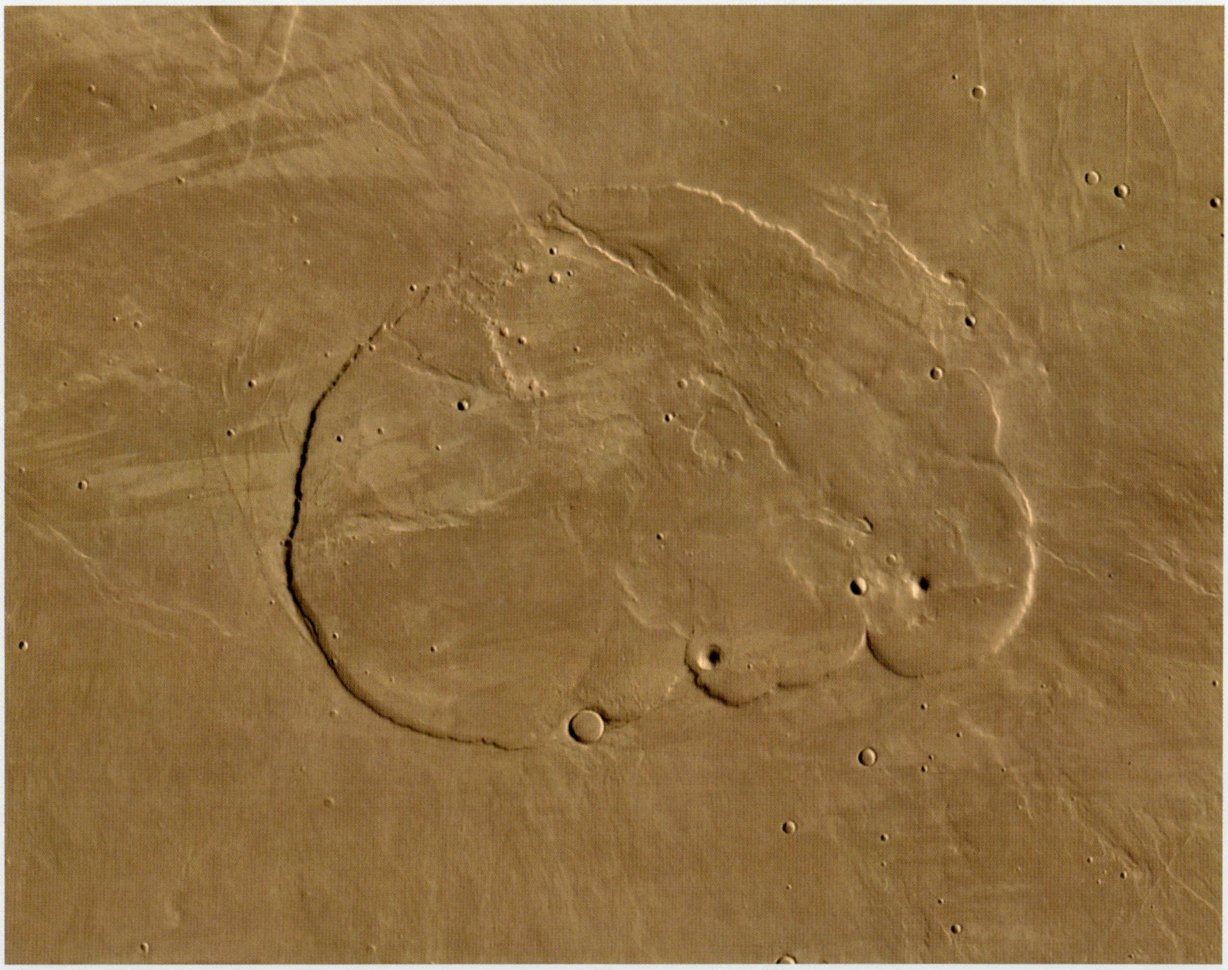

阿尔巴碟形坑（Alba Patera） 位于火星北半球阿尔巴火山的山顶，中心经纬度为东经 250.82°、北纬 39.53°，最大直径 65.98 千米，其命名源于阿尔巴火山。

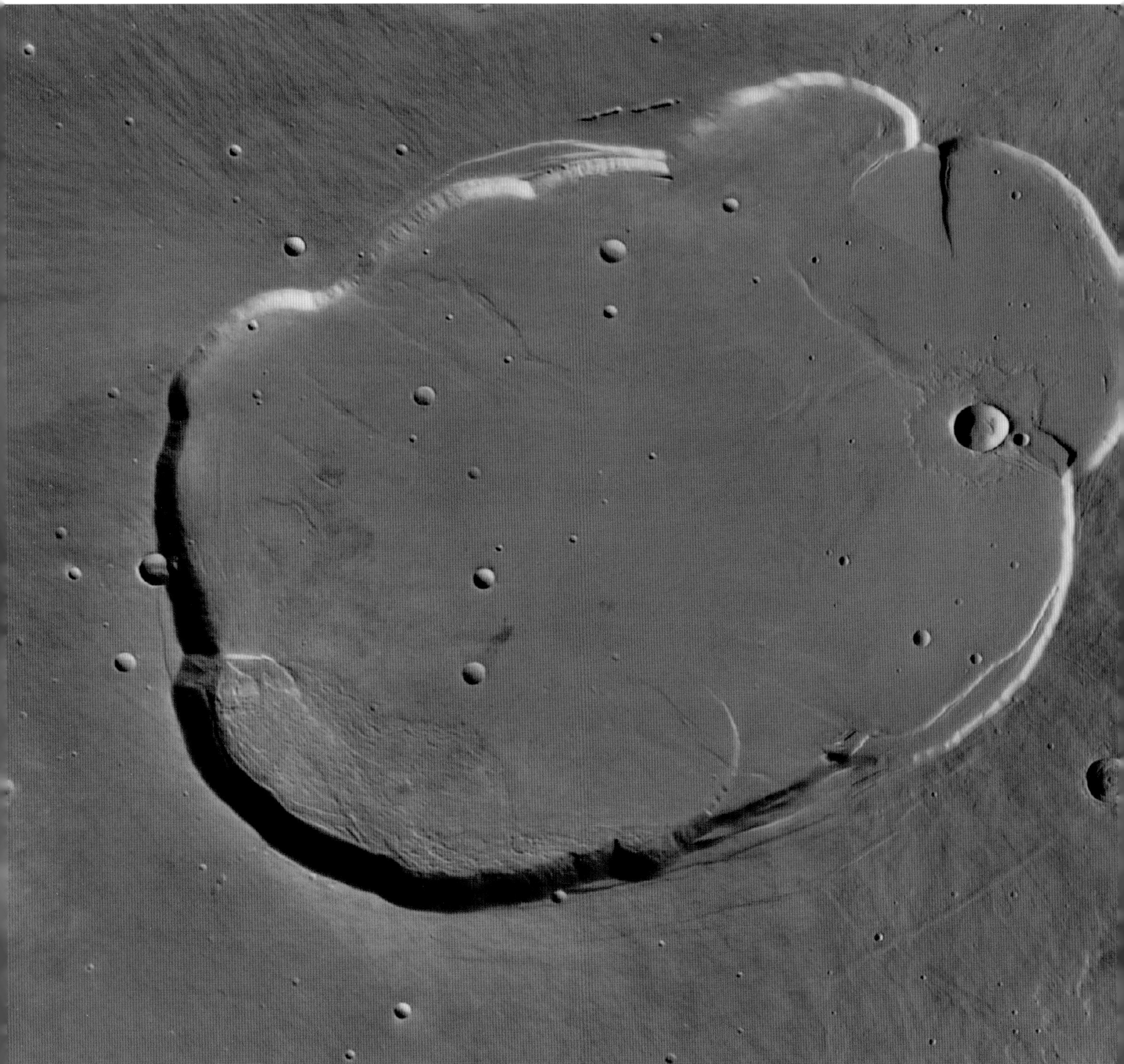

Uranius Patera

乌拉尼亚碟形坑（Uranius Patera）

位于火星北半球乌拉尼亚火山的山顶，中心经纬度为东经 267.2°、北纬 26.32°，最大直径 114 千米，其命名源于乌拉尼亚火山。

Zeus Patera

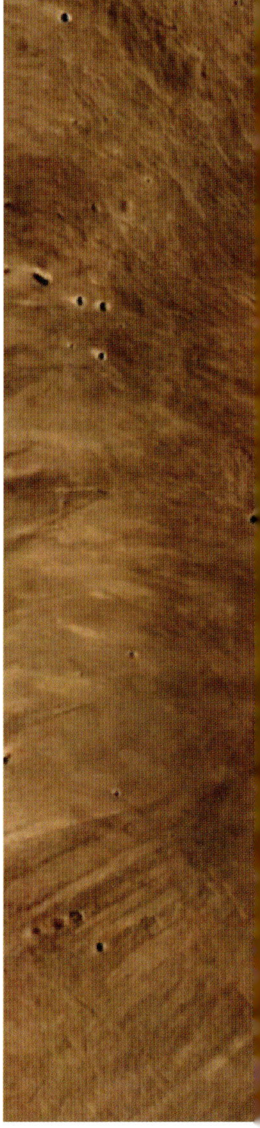

宙斯碟形坑（Zeus Patera）

位于火星北半球奥林波斯山的山顶，中心经纬度为东经 227.07°、北纬 18.39°，最大直径 65 千米，其命名源于古希腊神话人物。

全 火 星

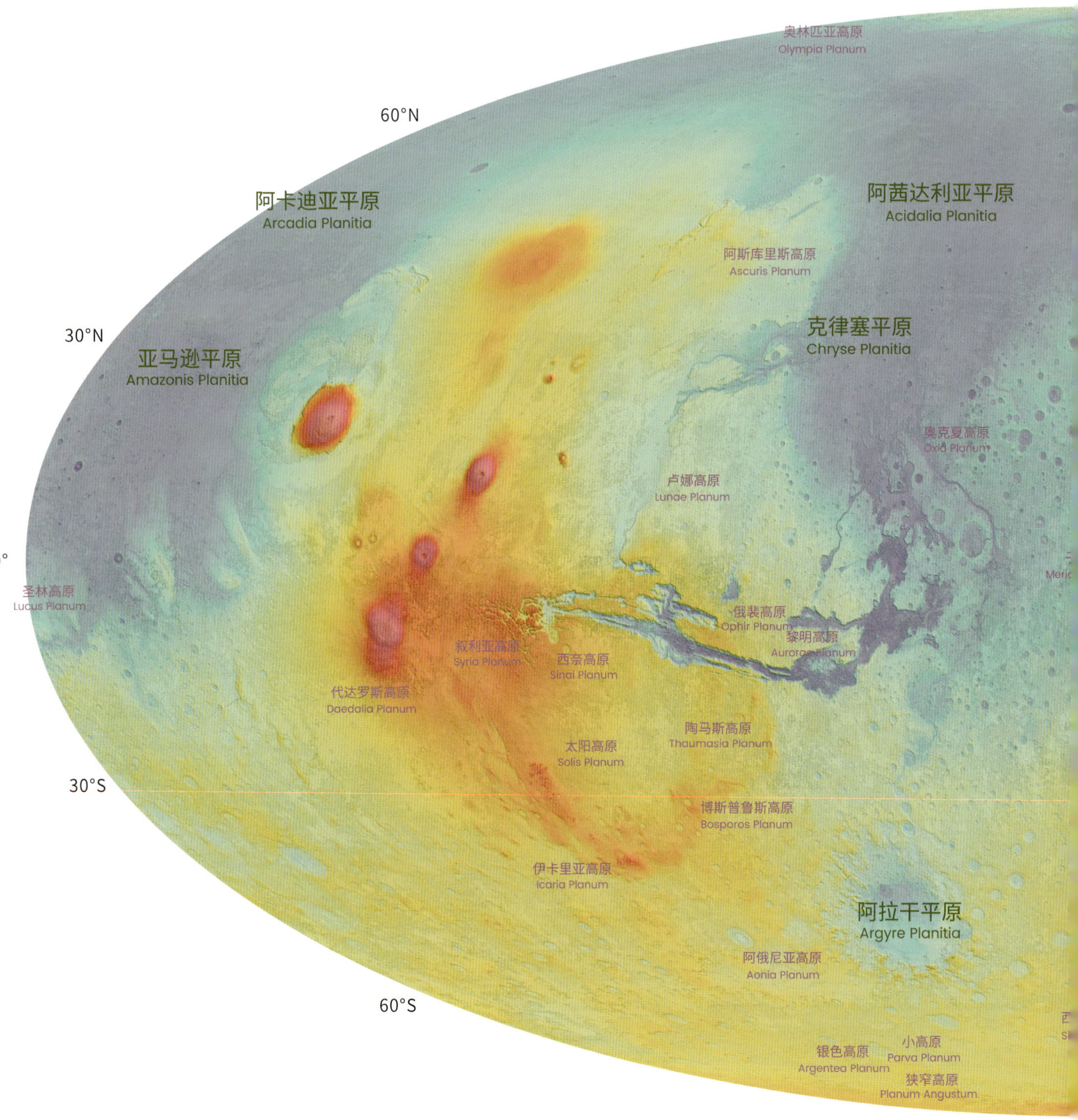

奥林匹亚高原
Olympia Planum
60°N
阿卡迪亚平原
Arcadia Planitia
阿茜达利亚平原
Acidalia Planitia
阿斯库里斯高原
Ascuris Planum
30°N
克律塞平原
Chryse Planitia
亚马逊平原
Amazonis Planitia
奥克夏高原
Oxia Planum
卢娜高原
Lunae Planum
0°
圣林高原
Lucus Planum
俄裴高原
Ophir Planum
黎明高原
Aurorae Planum
叙利亚高原
Syria Planum
西奈高原
Sinai Planum
代达罗斯高原
Daedalia Planum
陶马斯高原
Thaumasia Planum
太阳高原
Solis Planum
30°S
博斯普鲁斯高原
Bosporos Planum
伊卡里亚高原
Icaria Planum
阿拉干平原
Argyre Planitia
阿俄尼亚高原
Aonia Planum
60°S
银色高原
Argentea Planum
小高原
Parva Planum
狭窄高原
Planum Angustum

平原

Planitia, Planitiae

平原多指火星上地形非常平坦的巨大区域，实际现有已命名的共 10 个，最小的阿拉干平原直径约 893 千米。通常认为，诺亚纪（41 亿～ 37 亿年前）的一系列大规模撞击事件在火星表面制造出了若干直径巨大的撞击盆地。当时火星可能存在大量的水体，水流携带着大量物质逐渐汇聚、堆积到这些地势低洼的撞击盆地，经过数亿年的累积与变迁，水体逐渐消失，撞击盆地被夷为平原。

乌托邦平原（Utopia Planitia）位于火星北半球，中心经纬度为东经 117.52°、北纬 46.74°，最大跨度 3560 千米，是火星上最大的平原，其命名源于附近的反照率特征名。我国祝融号火星车着陆在乌托邦平原南部边缘（东经 109.925°、北纬 25.066°）。获取的探测数据表明，着陆区在晚西方纪（35 亿～ 32 亿年前）以来发生过多期次水活动，并且在当代（40 万～ 140 万年之后）仍存在液态水活动的痕迹。

高原

Planum, Plana

高原指火星上海拔较高的大面积平坦区域，通常由火山作用或构造抬升形成，实际现有已命名的共 34 个。

代达罗斯高原（Daedalia Planum）

位于塔尔西斯山脉的南部，中心经纬度为东经 234.05°、南纬 18.35°，最大跨度 1922 千米，其命名源于附近的反照率特征名。

地　　形　　图

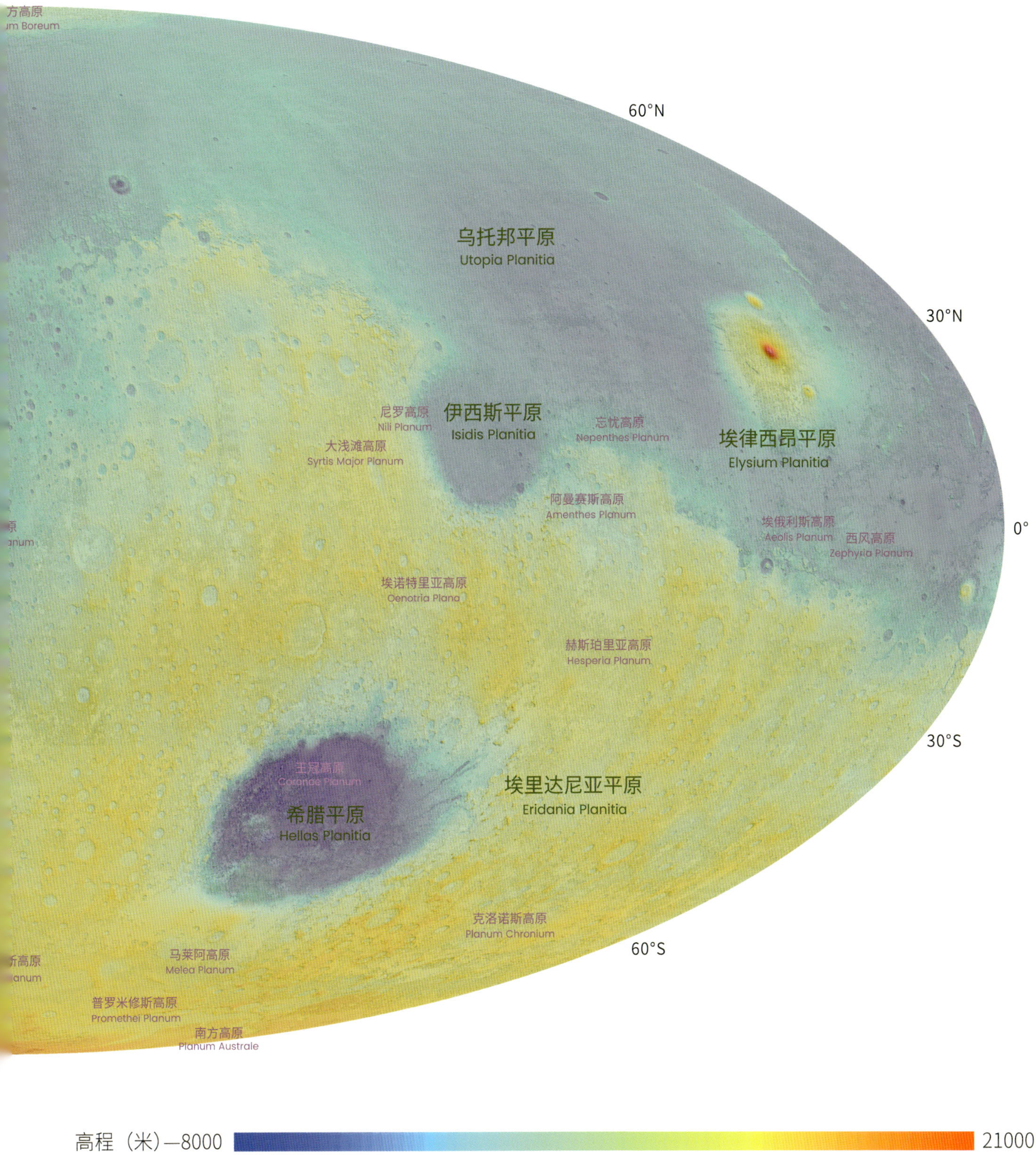
60°N
30°N
0°
30°S
60°S
乌托邦平原
Utopia Planitia
尼罗高原
Nili Planum
伊西斯平原
Isidis Planitia
忘忧高原
Nepenthes Planum
埃律西昂平原
Elysium Planitia
大浅滩高原
Syrtis Major Planum
阿曼赛斯高原
Amenthes Planum
埃俄利斯高原
Aeolis Planum
西风高原
Zephyria Planum
埃诺特里亚高原
Oenotria Plana
赫斯珀里亚高原
Hesperia Planum
王冠高原
Coronae Planum
希腊平原
Hellas Planitia
埃里达尼亚平原
Eridania Planitia
克洛诺斯高原
Planum Chronium
马莱阿高原
Melea Planum
普罗米修斯高原
Promethei Planum
南方高原
Planum Australe
高程（米）—8000
21000

峭壁

Rupes, Rupēs

峭壁是火星上较平直或线型的陡坡或悬崖壁。根据坡度可以分为三种类型：第一种最陡峭，坡度为 30°～ 35°；第二种较平缓，上部坡度为 8°～ 12°，下部为 3°～ 5°；第三种最为平缓，平均坡度为 3°～ 9°。峭壁的形成可能与火星的构造活动、滑坡、冰川或火山活动相关。

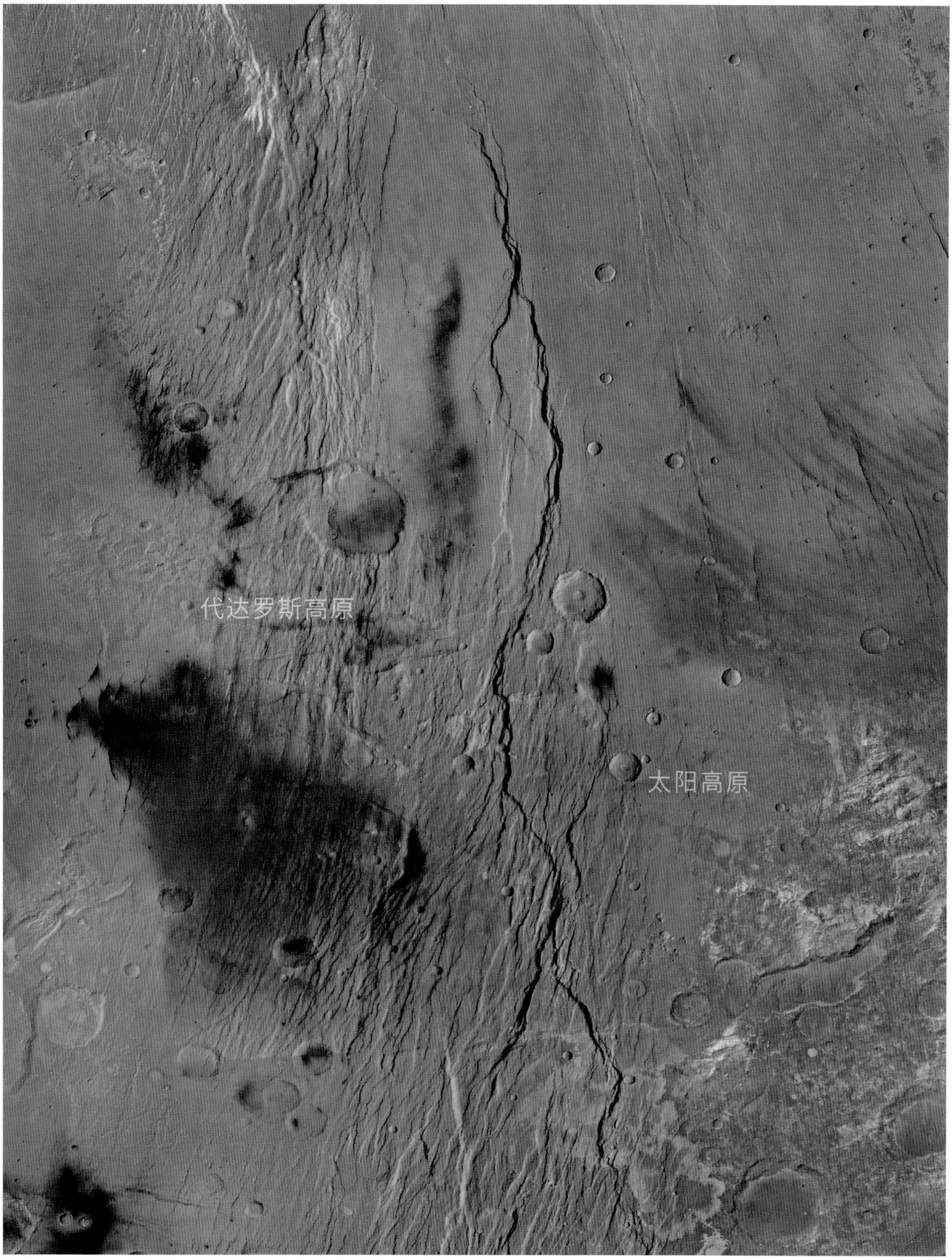

明亮峭壁（Claritas Rupes）位于火星南半球，中心经纬度为东经 254.74°、南纬 25.04°，长度 952.87 千米，其命名源于东经 350°、南纬 25°的反照率特征名。该峭壁将代达罗斯高原和太阳高原分开。

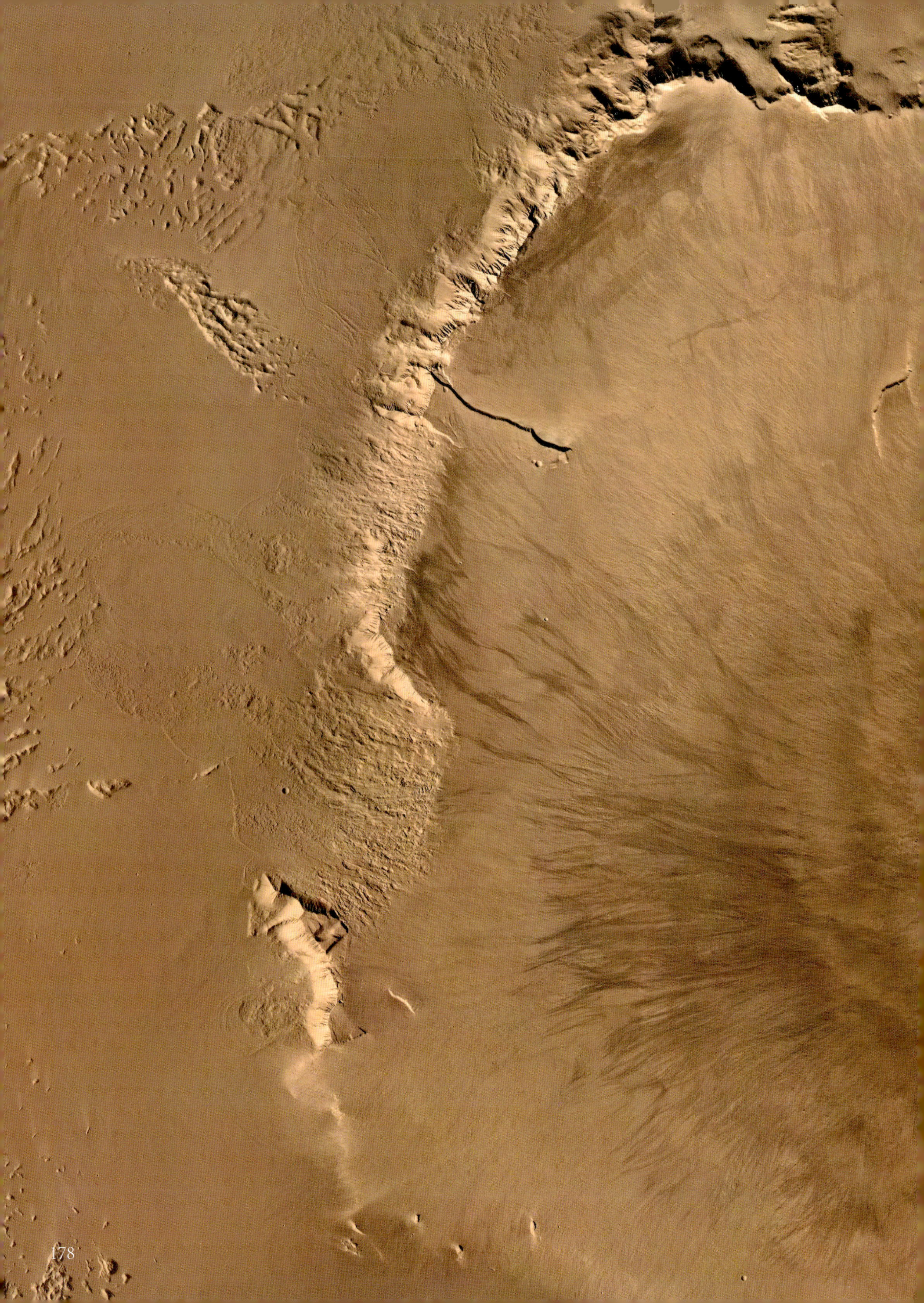

Olympus Rupes

奥林波斯峭壁（Olympus Rupes）

构成了奥林波斯山的边界，是一系列连续的地质断层，中心经纬度为东经 226.44°、北纬 18.40°，长度 1914.77 千米，其命名源于奥林波斯山。本图展示的奥林波斯峭壁西侧的悬崖，是典型的第二种峭壁类型，上部陡峭，下部平缓。

● 奥林波斯峭壁局部图

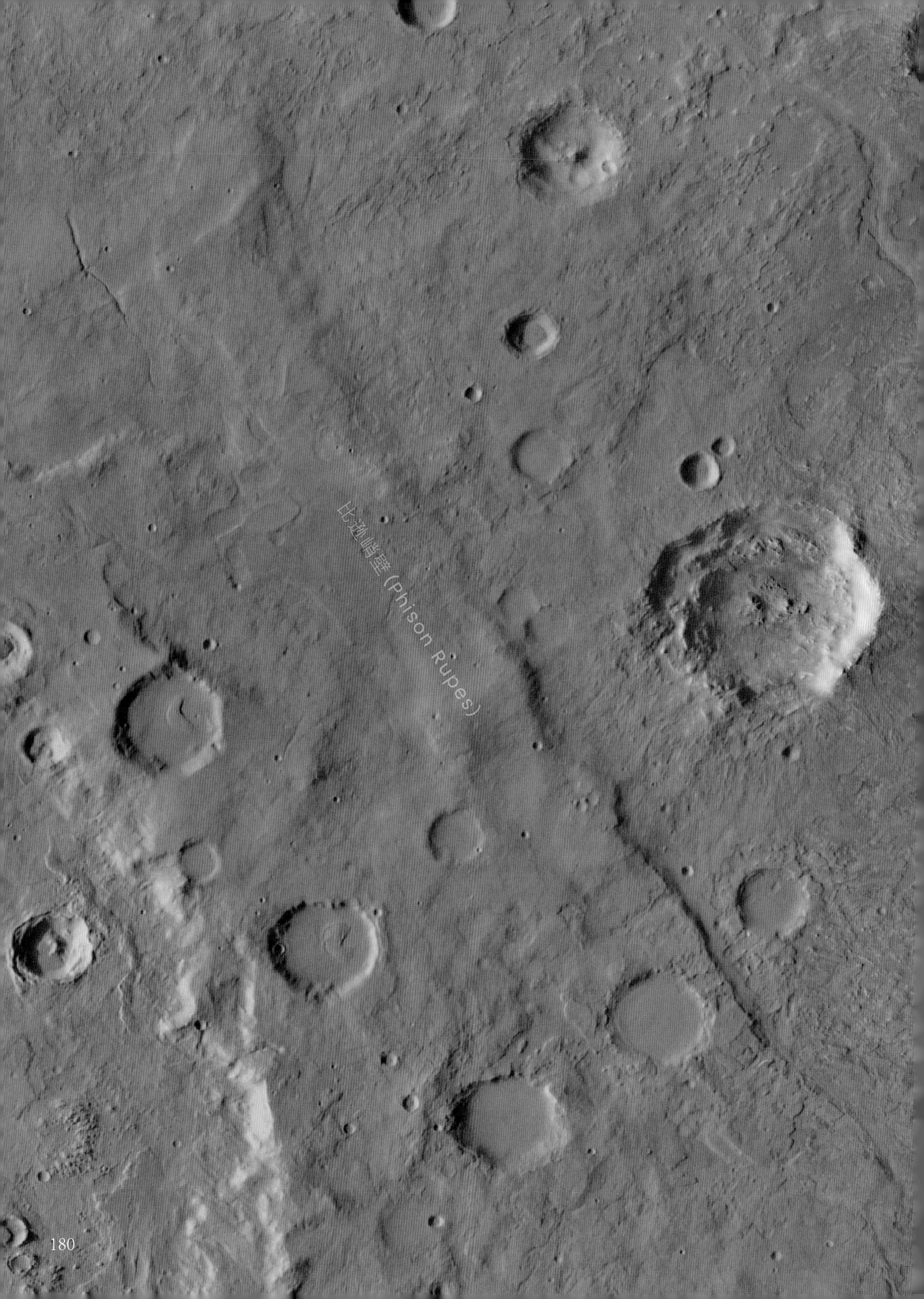
比逊峭壁（Phison Rupes）

比逊峭壁（Phison Rupes）

位于火星北半球，中心经纬度为东经 50.35°、北纬 26.70°，长度 203.07 千米，其命名源于附近的反照率特征名。

陡崖

Scopulus, Scopuli

陡崖是火星上不规则或叶状的悬崖或陡坡，而不是较平直或线型的峭壁，其形成主要与断层活动相关，约在晚诺亚纪到晚西方纪之间，晚于火星后期大规模撞击事件。

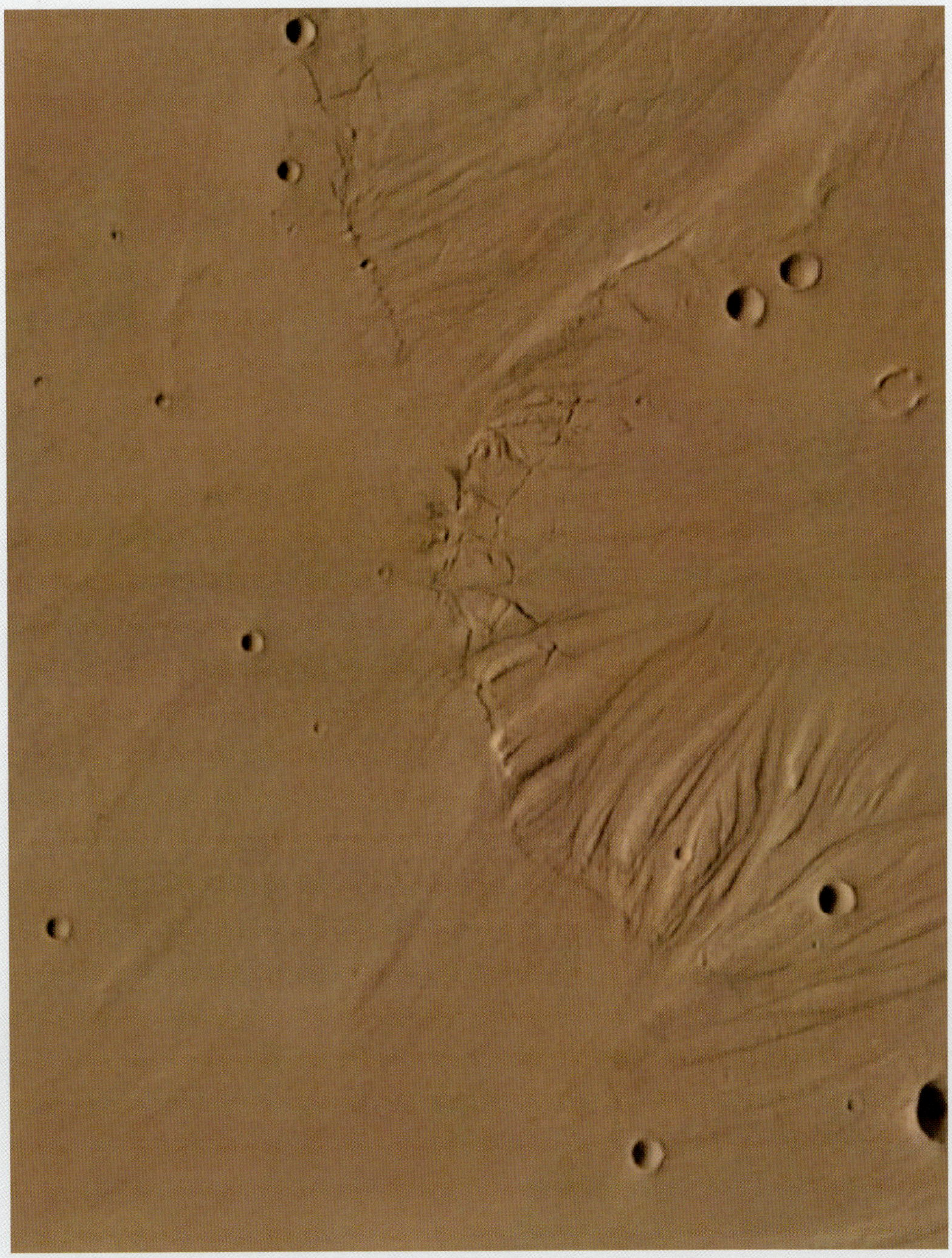

金黄陡崖（Xanthe Scopulus）位于火星北半球，中心经纬度为东经 307.49°、北纬 19.38°，长度 59.48 千米，其命名源于附近的反照率特征名。

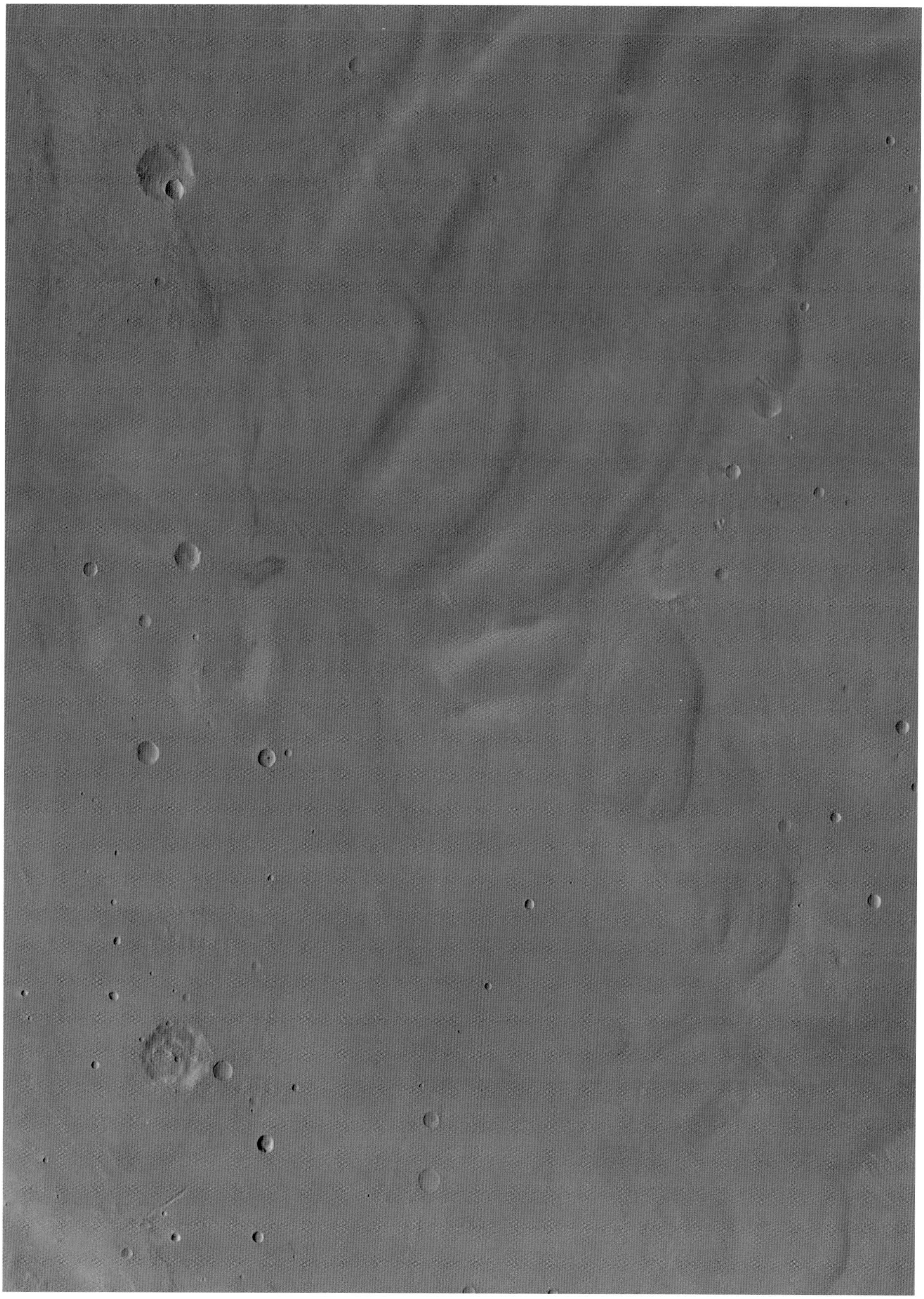

塔耳塔洛斯陡崖（Tartarus Scopulus）

位于火星南半球赤道附近，中心经纬度为东经 177.25°、南纬 4.23°，长度 251.31 千米，其命名源于东经 178°、南纬 12°的反照率特征名。

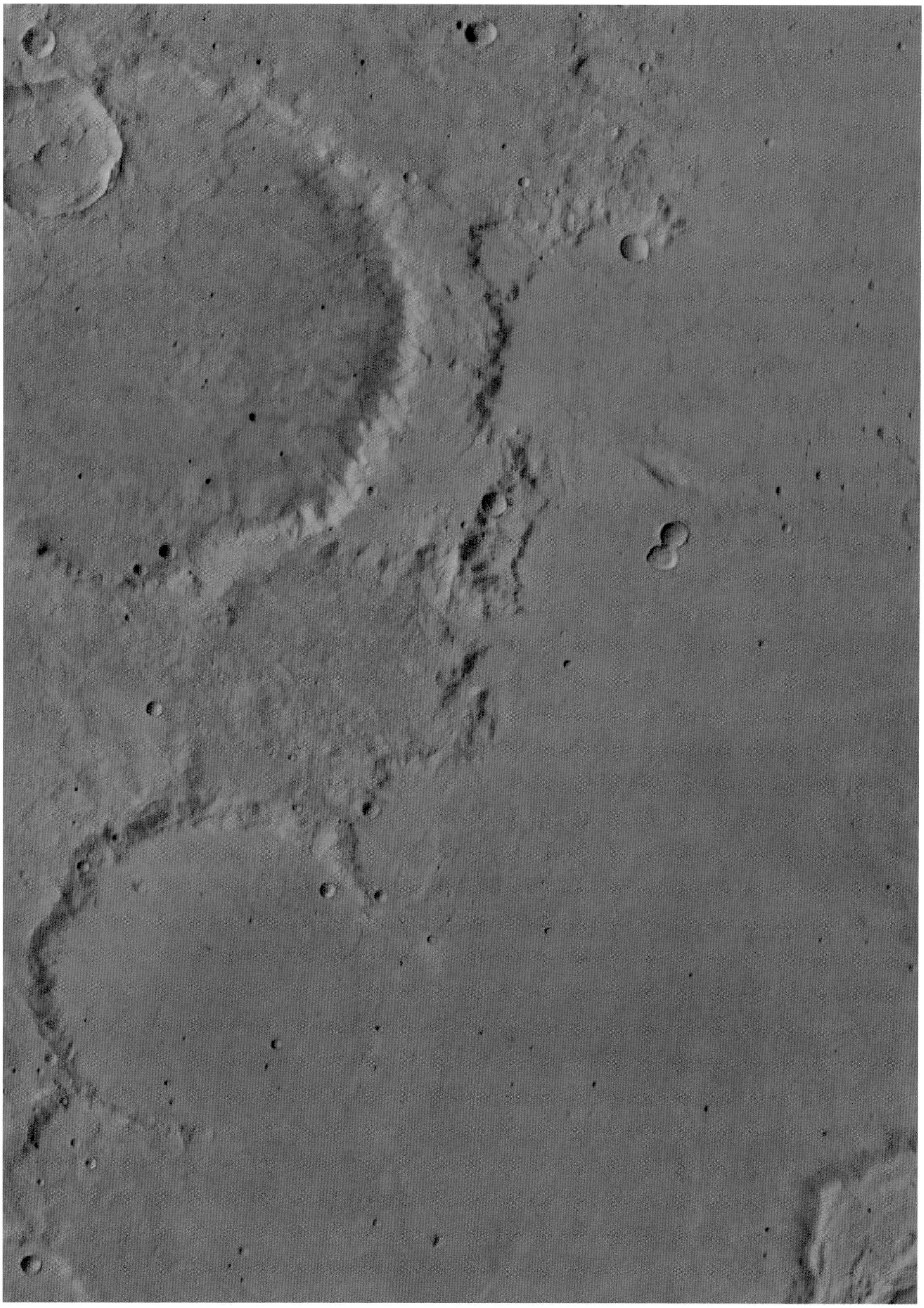

斯库拉陡崖（Scylla Scopulus）

位于火星南半球，中心经纬度为东经 18.34°、南纬 25.2°，长度 476.91 千米，其命名源于东经 40°、南纬 19°的反照率特征名。

蛇曲

Serpens, Serpentes

蛇曲是 2012 年 IAU 批准的一种新地貌。在原有分类中，山脊用来表示凸出于地面的正地形，谷用来表示深陷地面下的负地形，蛇曲则用于表示同时拥有正、负地形以及连续蜿蜒细长形态的地貌单元。通常认为蛇曲是河流形成的地貌，也有可能源自熔岩管道。

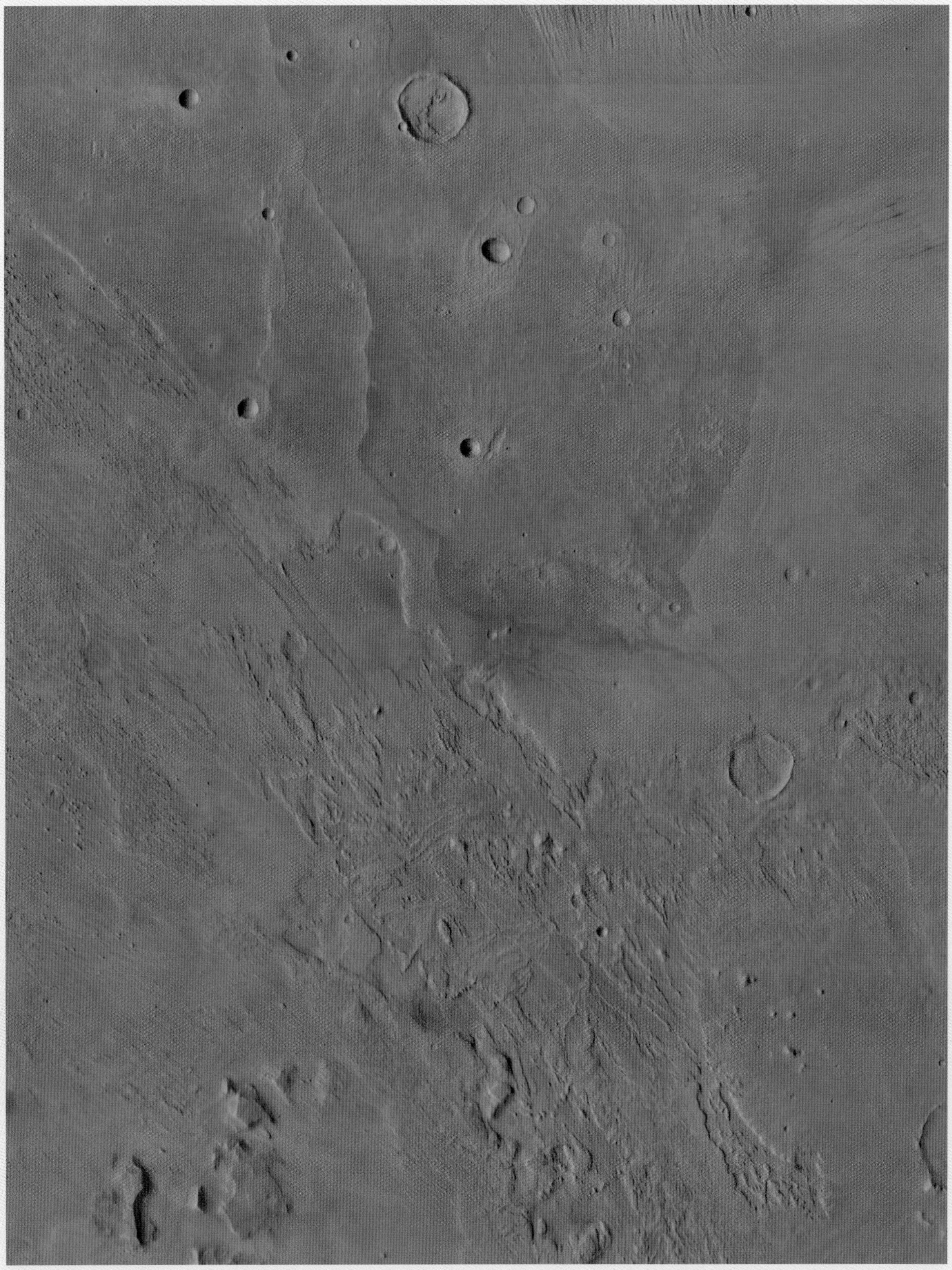

埃俄利斯蛇曲（Aeolis Serpens）位于火星南半球赤道附近，中心经纬度为东经 149.57°、南纬 1.38°，长度 538.55 千米，其命名源于附近的反照率特征名。

芳香地蛇曲（Thymiamata Serpens）

位于火星北半球，中心经纬度为东经 352.17°、北纬 10.47°，长度158 千米，其命名源于附近的反照率特征名。

沟垄

Sulcus, Sulci

沟垄是火星上的长条状凹陷或沟槽，主要由地壳构造活动形成。在火星早期的地壳冷却和收缩过程中，区域应力作用导致地表形成拉张断裂带，随着时间的推移，进一步受到火山活动、撞击事件以及风化和侵蚀的影响，逐渐演变为平行的沟槽和垄脊，形成沟垄地貌。

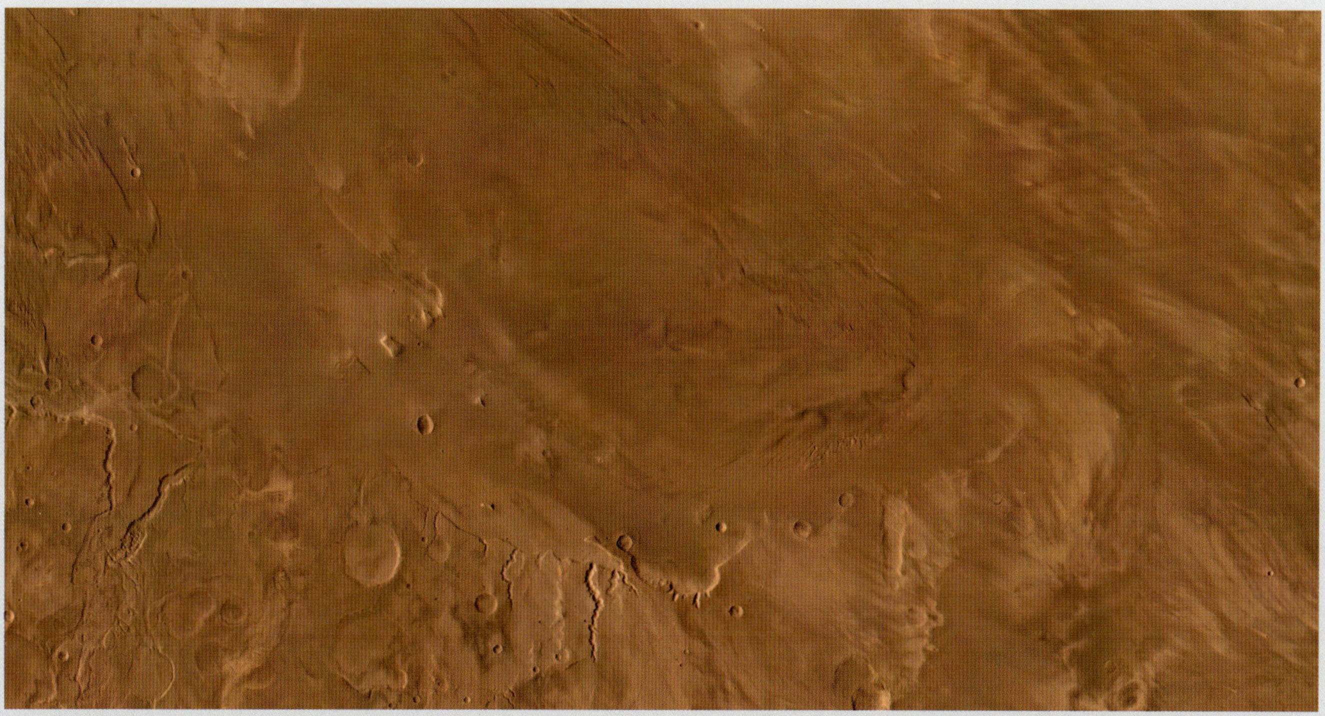

亚马逊沟垄（Amazonis Sulci） 位于火星赤道南部，中心经纬度为东经 216.29°、南纬 2.15°，长度 250.59 千米，其命名源于附近的反照率特征名。该沟垄表面由平行的脊和槽组成，由地壳伸展和裂隙活动形成。

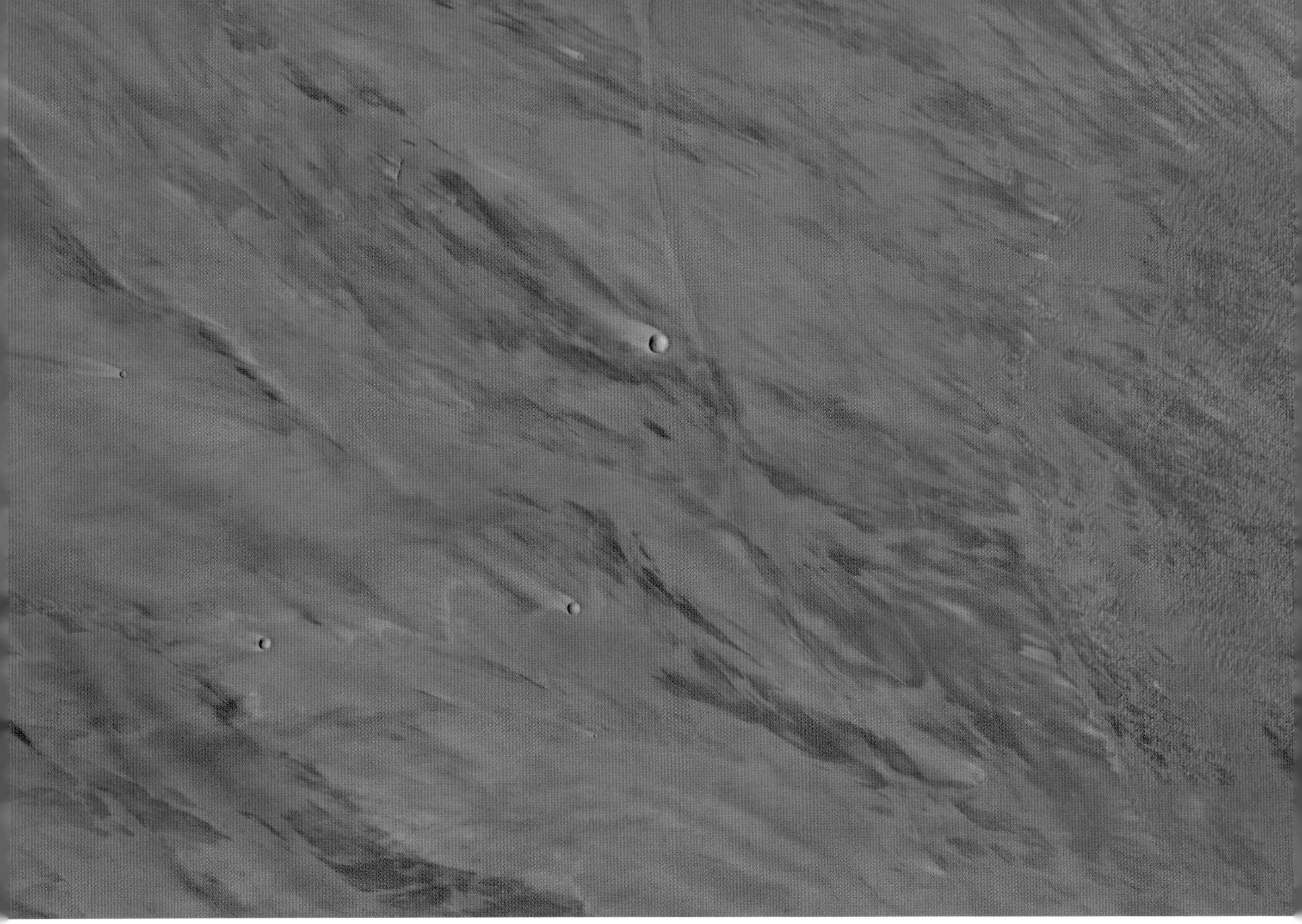

Arsia Sulci

阿尔西亚沟垄（Arsia Sulci）

位于火星赤道南部，中心经纬度为东经 230.19°、南纬 6.29°，长度 500 千米，其命名源于附近的反照率特征名。该沟垄表面具有平行的裂谷和脊状结构，由火山活动引发的地壳抬升和张裂形成。

孔雀沟垄（Pavonis Sulci）

位于火星赤道北部，中心经纬度为东经 242.63°、北纬4.01°，长度425.8千米，其命名源于附近的孔雀山。该沟垄表面具有明显的线性沟壑和褶皱，由地壳运动和断层活动形成。

高地

Terra, Terrae

高地是地势较高、地形崎岖的区域，主要分布在南半球，是火星上最古老的地形之一，其形成可追溯到数十亿年前的剧烈地质活动时期。火山喷发和地壳隆起导致了地表的抬升，后期的大规模撞击事件进一步塑造了高地的复杂地貌，通常布满了撞击坑、谷地和断层等构造。

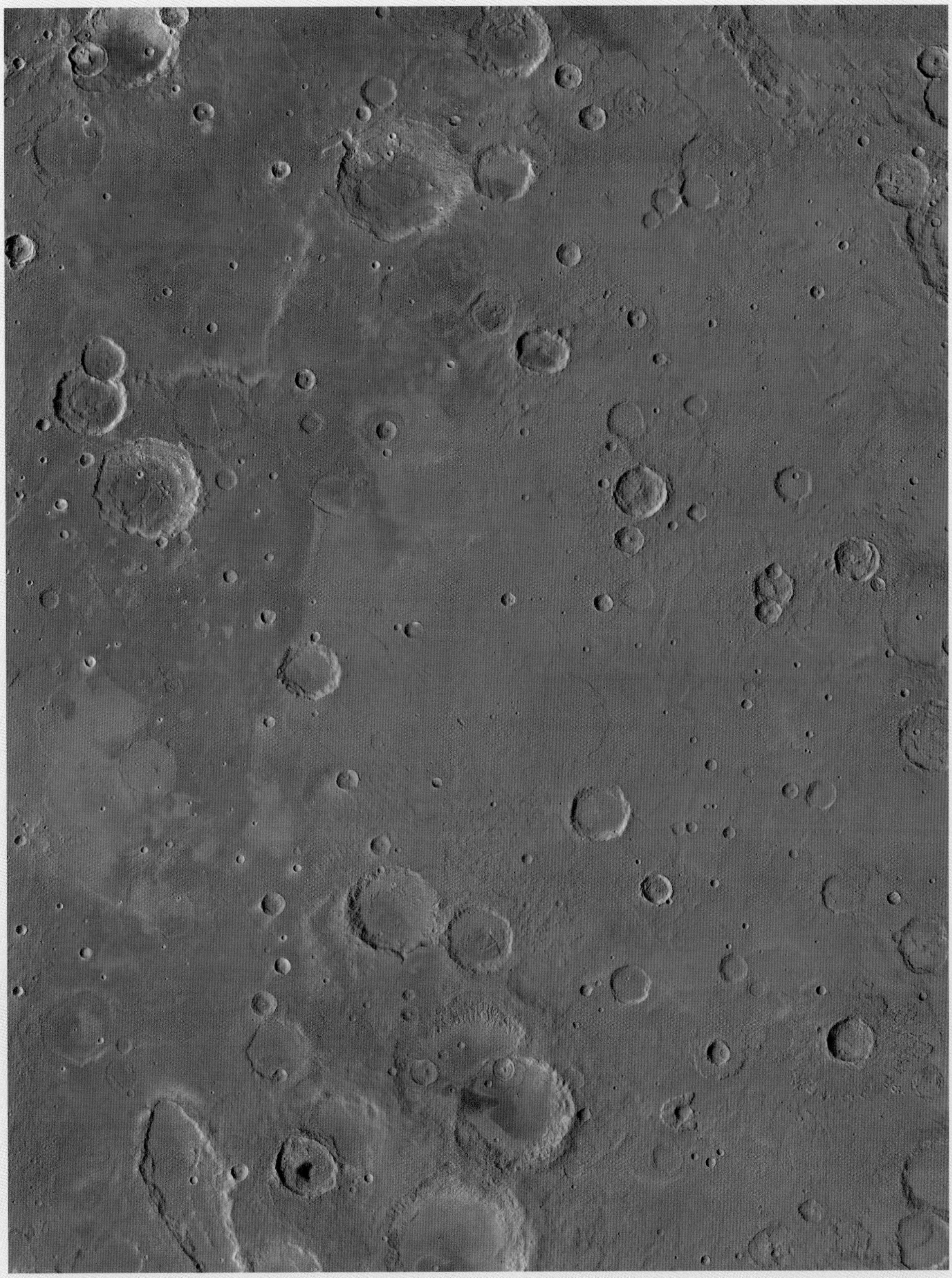

阿拉伯高地（Arabia Terra） 位于火星北半球，中心经纬度为东经 5.72°、北纬 21.25°，最大跨度 4851.74 千米，其命名源于附近的反照率特征名。该高地形成年代久远，分布着密集的撞击坑。

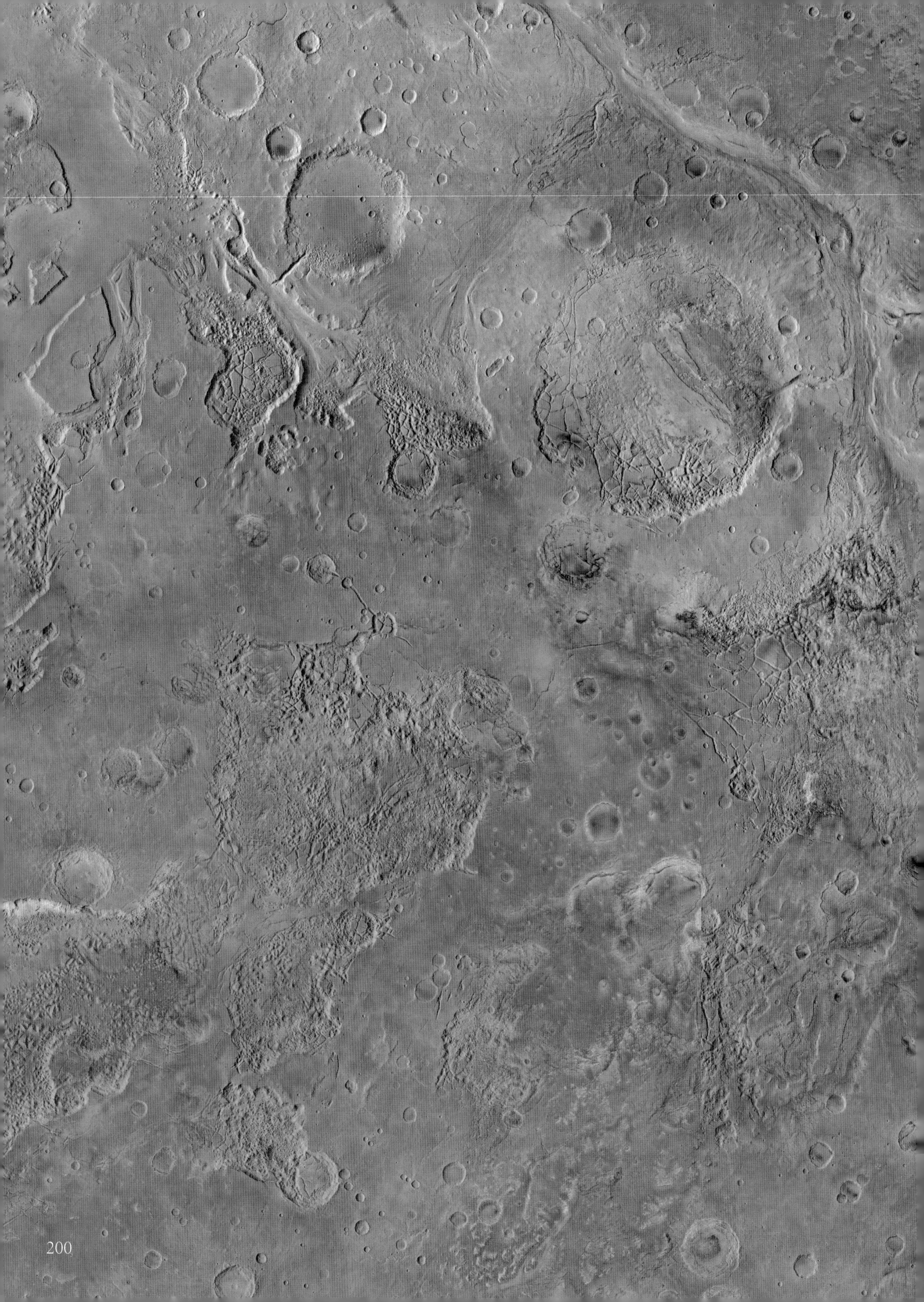

Margaritifer Terra

珍珠高地（Margaritifer Terra）

位于火星赤道附近，中心经纬度为东经 335.08°、南纬 1.85°，最大跨度 2733.22 千米，其命名源于附近的反照率特征名。该高地地形复杂，可能由于火山活动和地壳运动而形成。

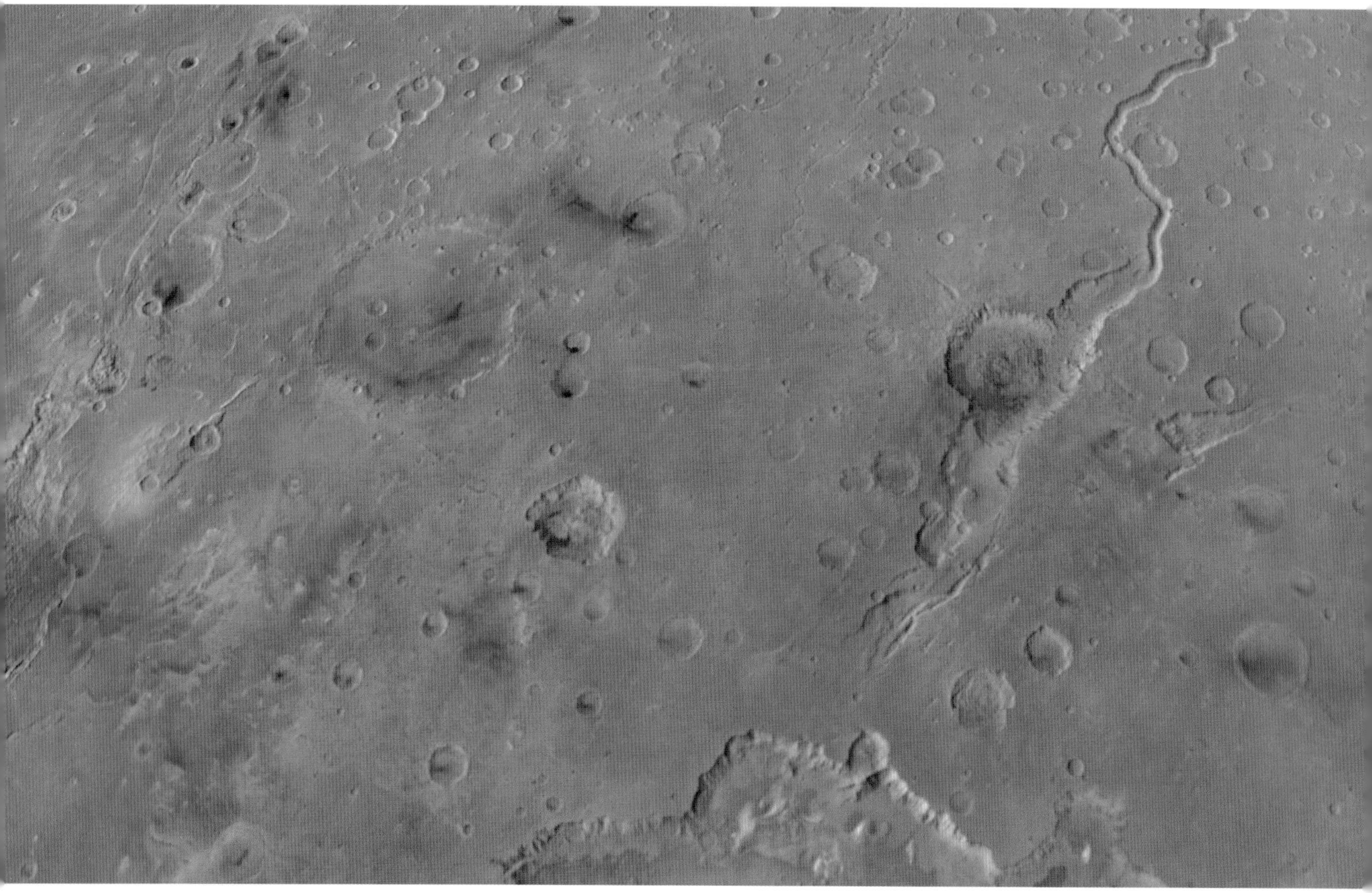

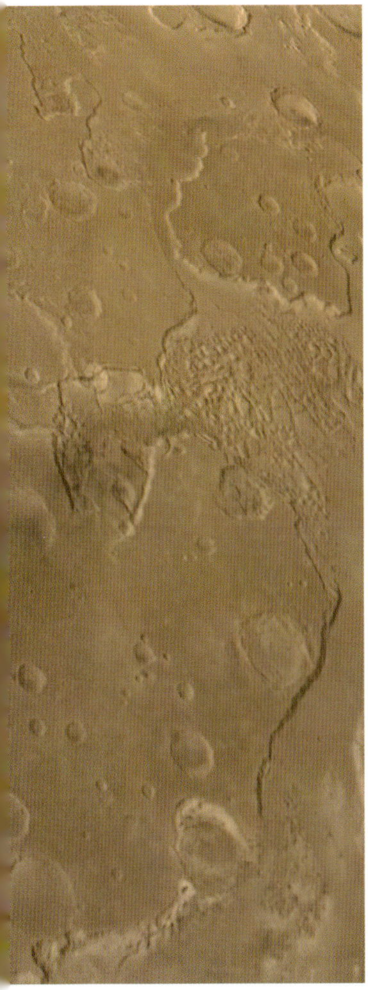

金黄高地（Xanthe Terra）

南邻恒河峡谷，中心经纬度为东经 311.95°、北纬 1.6°，最大跨度 1867.65 千米，其命名源于附近的反照率特征名。该高地可能因古老火山活动和地壳隆起而形成，东侧发育有长达 1029 千米的沙尔巴塔纳谷。

穹丘

Tholus, Tholi

穹丘是一种由火星火山活动形成的小型圆顶状山丘，通常比火山山峰低矮，山顶有明显的火山口，其直径可达 10 千米。穹丘在结构上类似于盾状火山，基底直径 50 ～ 200 千米，高度 4 ～ 10 千米，有相对陡峭的外围侧翼，侧翼末端通常埋在周围的熔岩流平原之下。

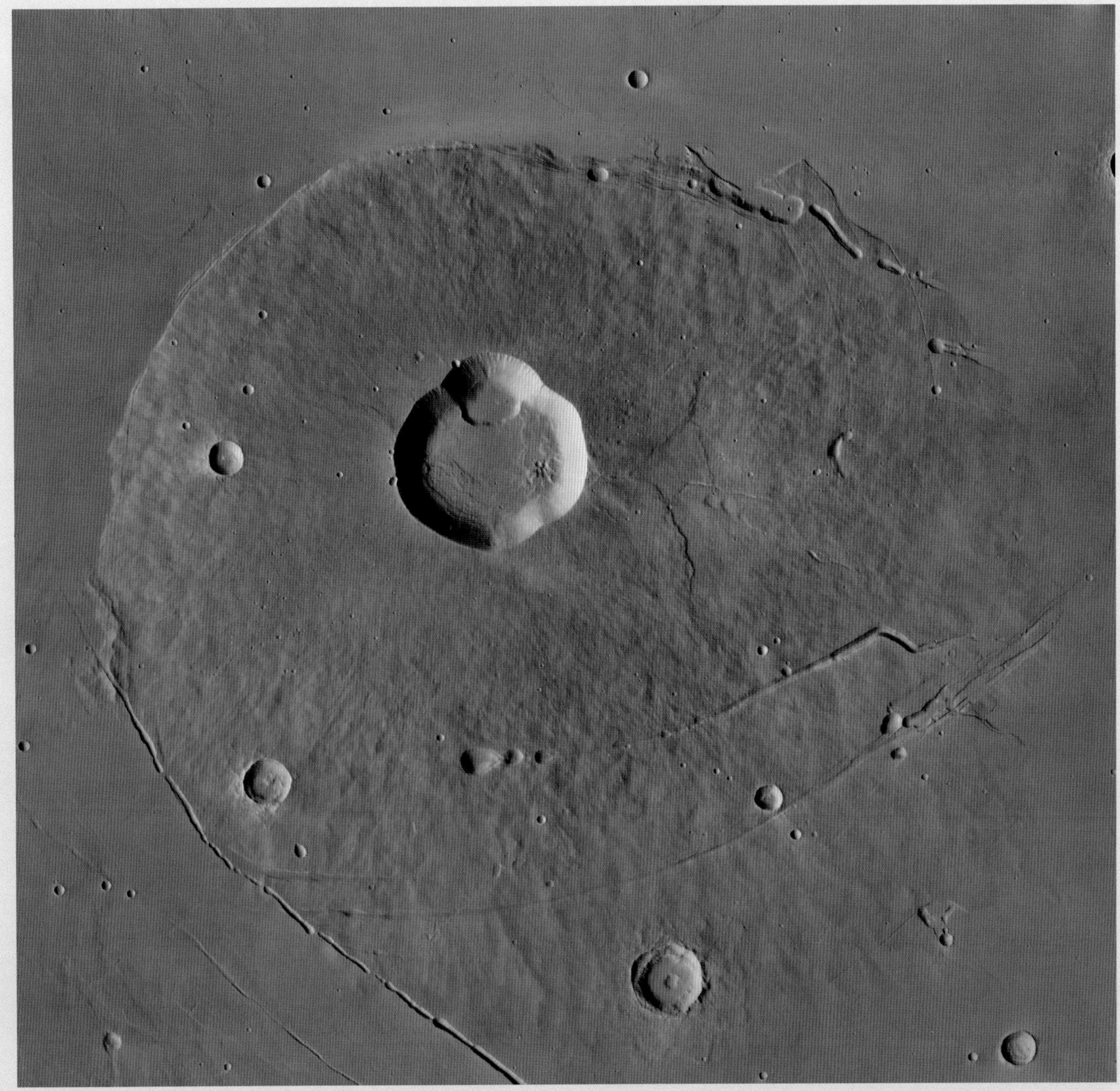

阿尔玻耳穹丘（Albor Tholus）位于火星北半球，中心经纬度为东经 150.47°、北纬 18.87°，最大直径 158.38 千米，其命名源于附近的反照率特征名。该穹丘表面呈现火山锥形状，起伏不大，可能形成于火山喷发和熔岩流的堆积作用。

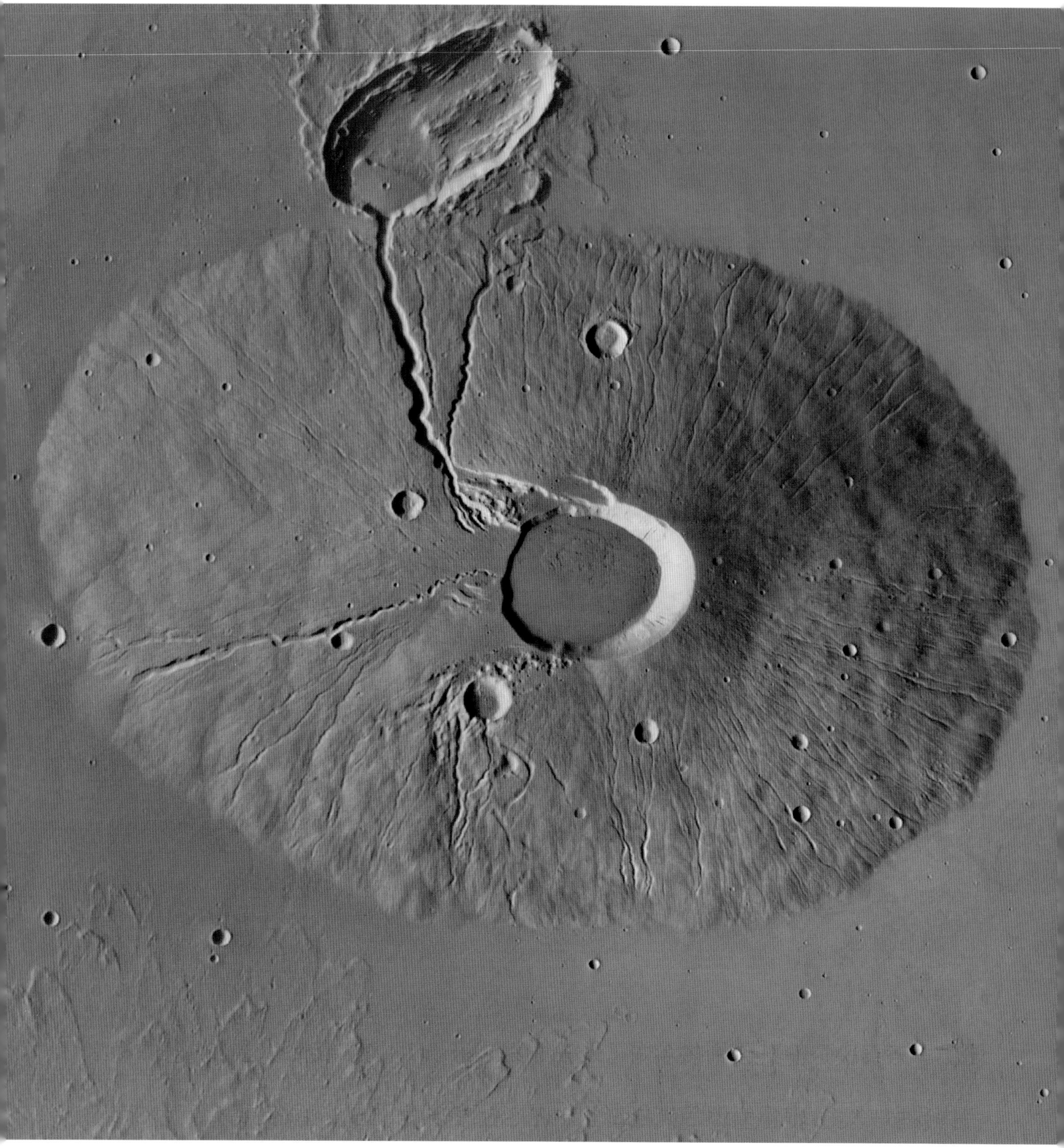

Ceraunius Tholus

刻饶尼俄穹丘（Ceraunius Tholus）

位于火星北半球，中心经纬度为东经 262.75°、北纬 24°，最大直径 128.58 千米，其命名源于附近的反照率特征名。该穹丘地表呈现明显的火山锥地形，可能形成于多次火山喷发事件和熔岩流的逐层堆积。熔岩流在穹丘的北侧形成了一条明显的径向通道，一次撞击事件恰好发生在通道的末端，形成了直径 34.44 千米的拉厄撞击坑。

沙波

Unda, Undae

沙波是指火星表面由风力作用形成的波状地貌，类似于地球上的沙丘。这些沙波主要由火星表面的细颗粒物质，如沙子和尘土，在风的持续作用下被吹动，遇到障碍物后堆积形成。沙波不仅反映了火星上的风向和风力强度，还揭示了火星表面物质的物理特性。

根据其形态和规模，火星沙波可以分为以下三种类型。

- **简单沙波：** 规模较小，通常呈现平行的波状结构，波峰和波谷分布均匀。
- **复杂沙波：** 规模较大，波峰更高，形态多变，可能在多个方向上交叉排列。
- **巨型沙波：** 形成于风力强劲的区域，波峰与波谷间距较大，显示出更为显著的波浪形态。

奥林匹亚沙波（Olympia Undae）位于火星北极点附近，中心经纬度为东经 178.48°、北纬 81.16°，最大跨度 1507.96 千米，其命名源于古希腊神话中众神所在的神山。该沙波表面覆盖着大量风成沙丘，由极地风和冰层相互作用形成。

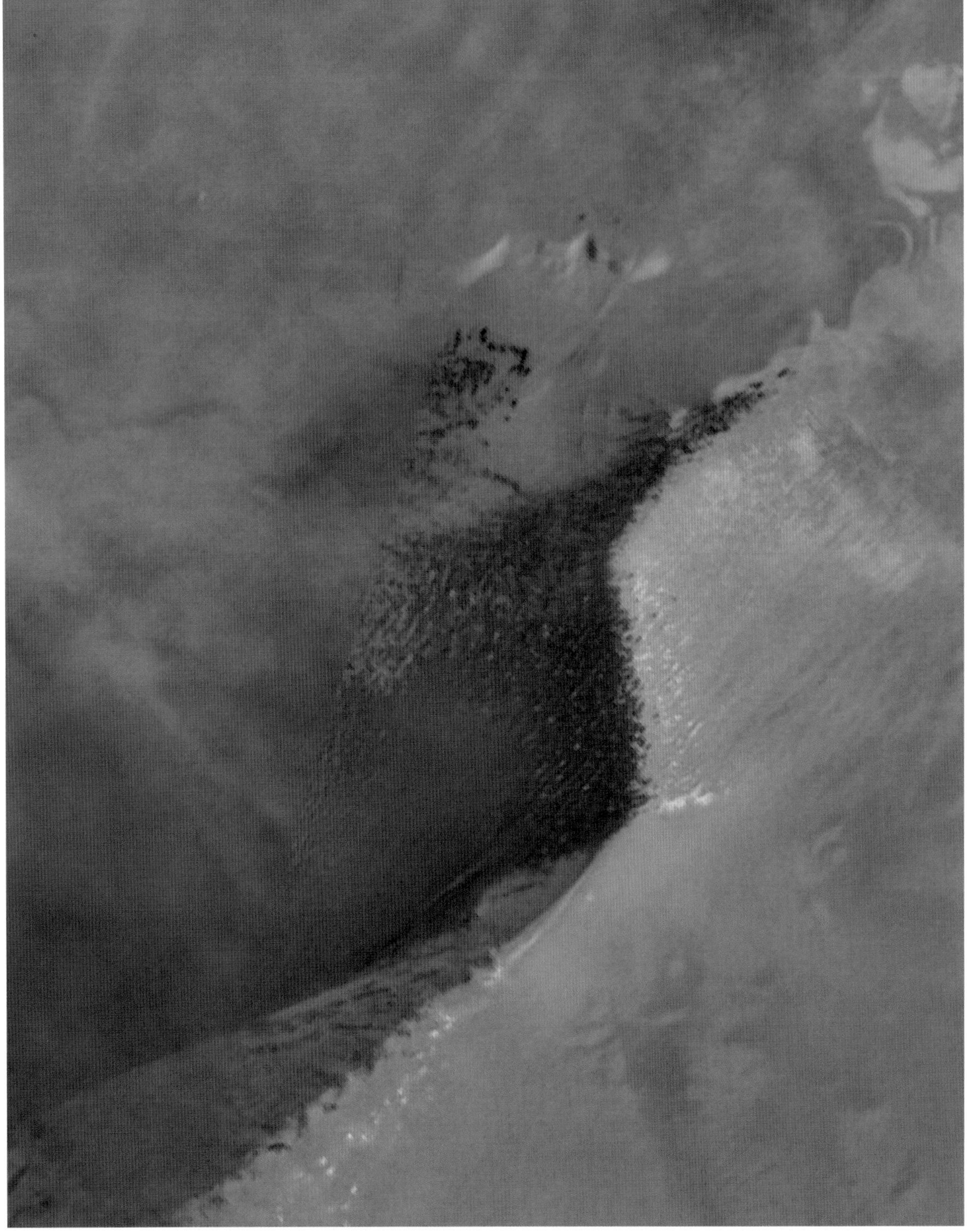

Hyperboreae Undae

极北沙波（Hyperboreae Undae）

位于火星北极圈内，中心经纬度为东经 310.51°、北纬 79.96°，最大跨度 463.65 千米，其命名源于附近的反照率特征名。该沙波表面由横贯的沙丘构成，可能由于风力和季节性冰的侵蚀和沉积形成。

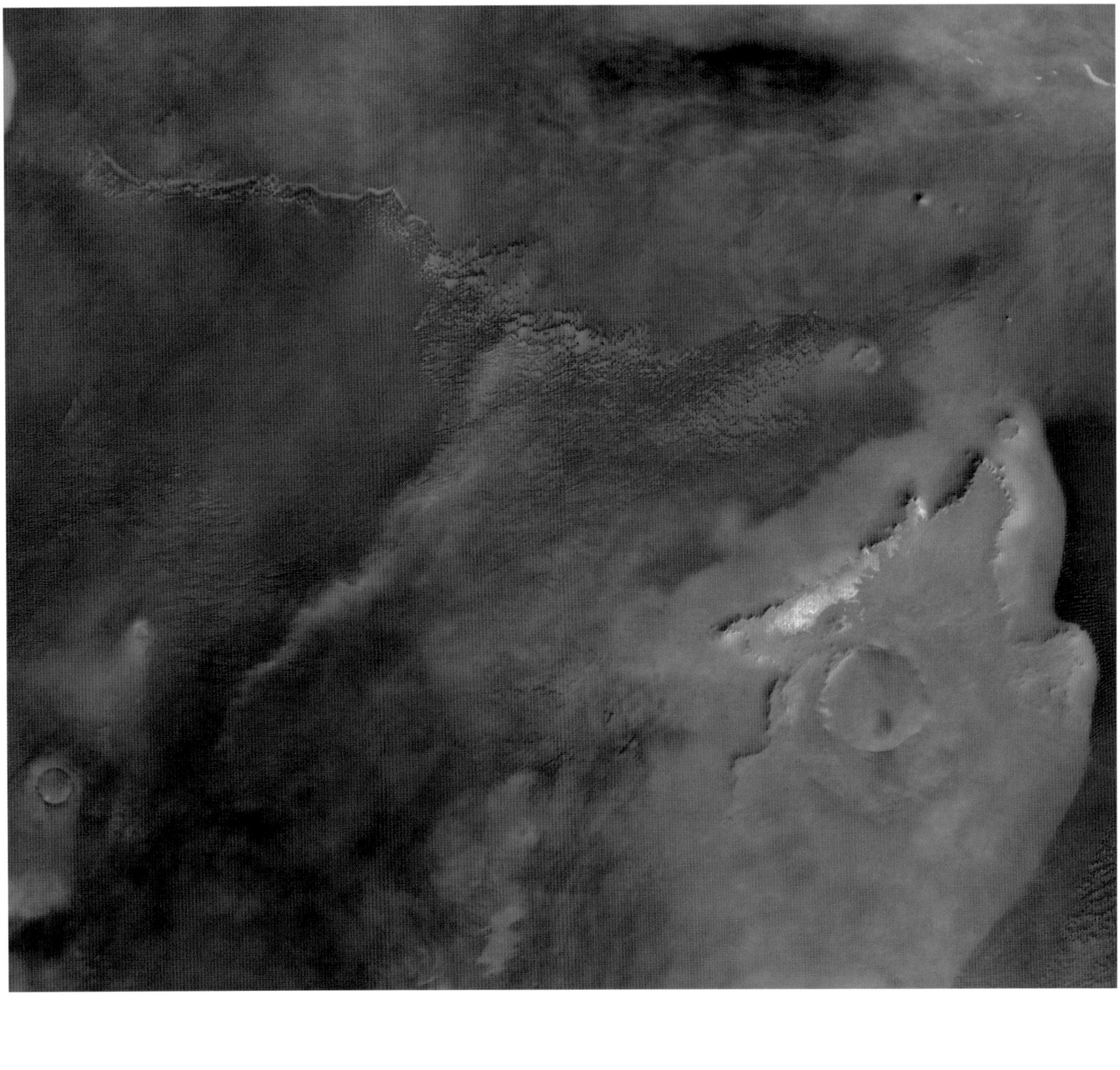

Siton Undae

西通沙波（Siton Undae）

位于火星北极圈内，中心经纬度为东经 297.28°、北纬 75.55°，最大跨度 222.97 千米，其命名源于附近的反照率特征名。该沙波表面分布着线性和横向的沙丘，可能由风蚀作用和沉积过程形成。

荒原

Vastitas, Vastitates

荒原为火星上广袤的平原地貌，目前命名的唯一一个荒原——**北方荒原（Vastitas Borealis）**位于火星北极圈内，中心经纬度为东经 32.53°、北纬 87.73°，直径 2002.91 千米，其命名源于附近的反照率特征名。该荒原的成因与火星早期的火山活动、冰川运动以及沉积作用密切相关。火山喷发和熔岩流的扩展形成了这些平坦的区域，而冰川的侵蚀和沉积作用则进一步塑造了荒原的地貌。

天问

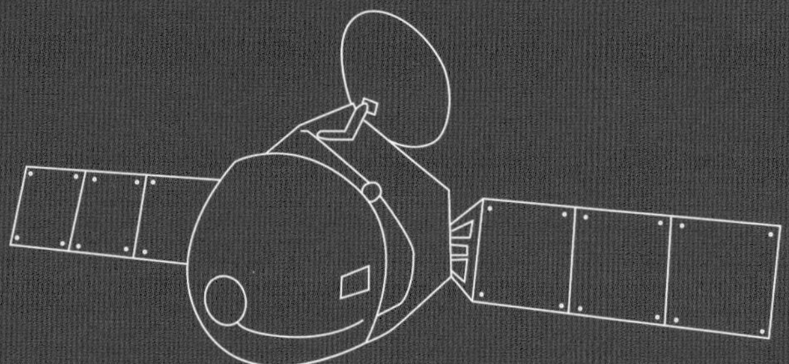

一号

03

火星典型地貌

奥林波斯山

Olympus Mons

奥林波斯山全貌图

雄壮的**奥林波斯山**是一座盾状火山，中心经纬度为东经 226.2°、北纬 18.65°，直径 610.13 千米，其命名源于附近的反照率特征名。它是火星上，也是太阳系内已知的最高火山，形成于 30 亿年以前。当时，火星的火山活动非常活跃，经过长达数亿年的持续性、多期次的喷发，大量的火山熔岩不断堆积，奥林波斯山的海拔达到了惊人的 21241 米，接近珠穆朗玛峰的三倍。

奥林波斯山顶部可以看到明显的火山口，侧翼坡度平缓，存在一些疑似岩浆流动形成的冲沟，边缘是一圈陡峭的悬崖，西部和北部分布着绵延上千千米、地貌纹理粗糙的沟壑区域，东部和南部区域则展现出较为平坦的地貌纹理。

奥林波斯山三维景观图（利用影像数据和高程数据制作）

① 奥林波斯山北部陡崖，地形变化非常明显

② 奥林波斯山西北部陡崖，可以看到冲沟构造

③ 奥林波斯山南部陡崖，较北部陡崖更平缓

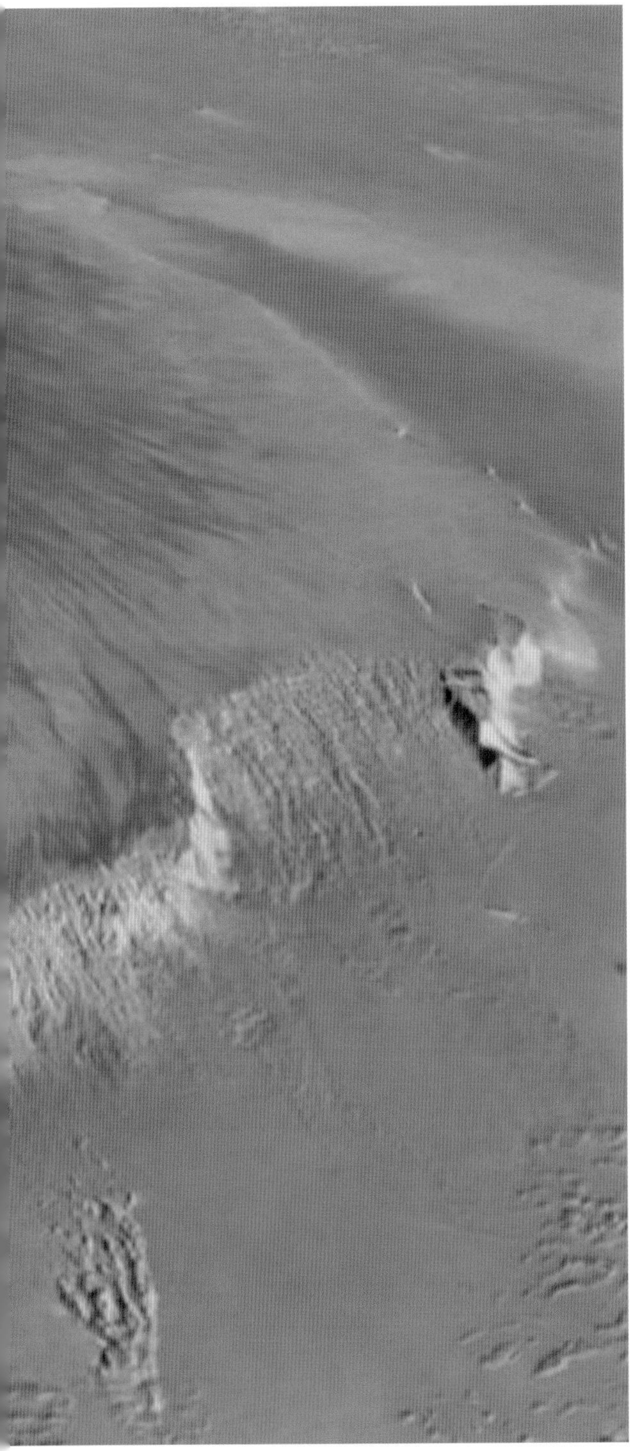

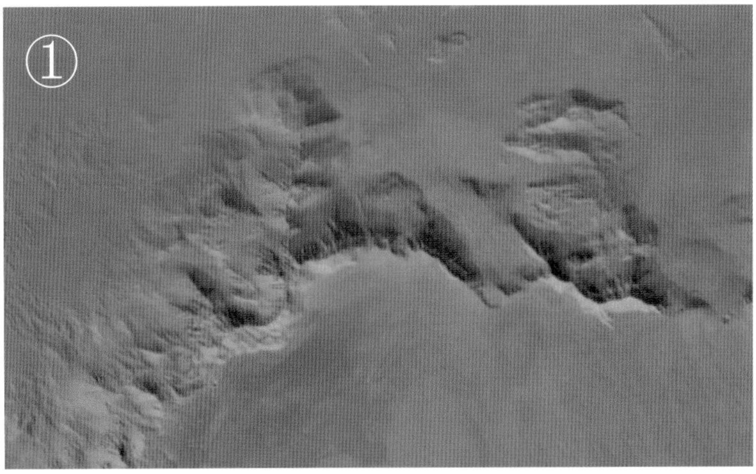

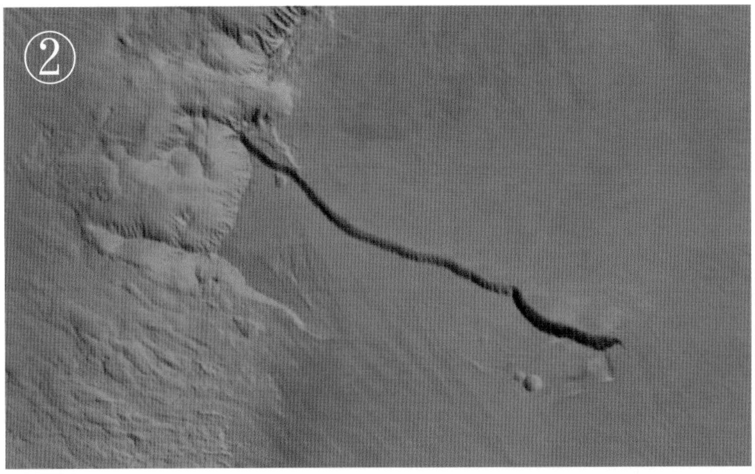

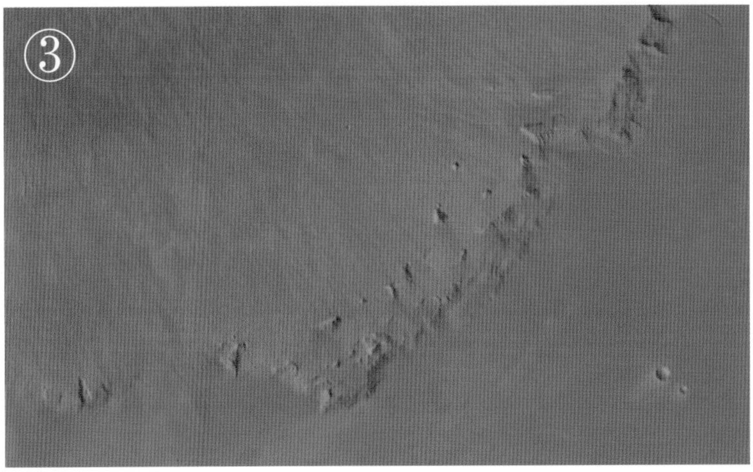

Olympus Mons

塔尔西斯山脉

Tharsis Montes

在火星赤道南部，不断喷发的火山熔岩在地表反复流淌，最终形成了一个绵延超过 2000 千米的巨型火山群，即**塔尔西斯山脉**（中心经纬度为东经 247.42°、北纬 1.57°）。塔尔西斯山脉的命名源于附近的反照率特征名，其主要由三座雄伟的大型火山自东北向西南排列而成，依次为阿斯克拉山（Ascraeus Mons）、孔雀山（Pavonis Mons）和阿尔西亚山（Arsia Mons）。

● 塔尔西斯山全貌，西北侧为奥林波斯山

东南侧为诺克蒂斯迷宫和水手谷

阿斯克拉山南部边缘的火山冲沟构造

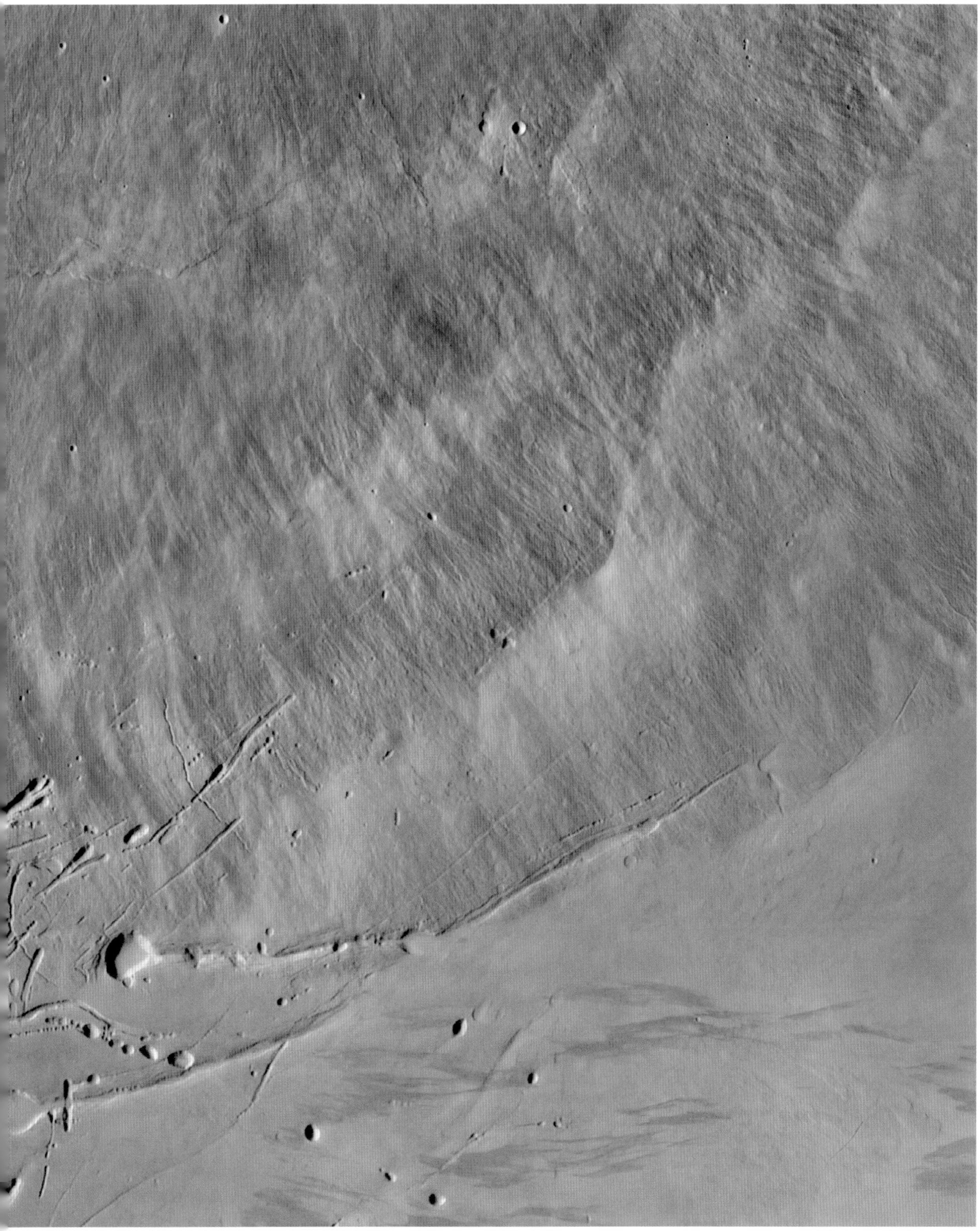

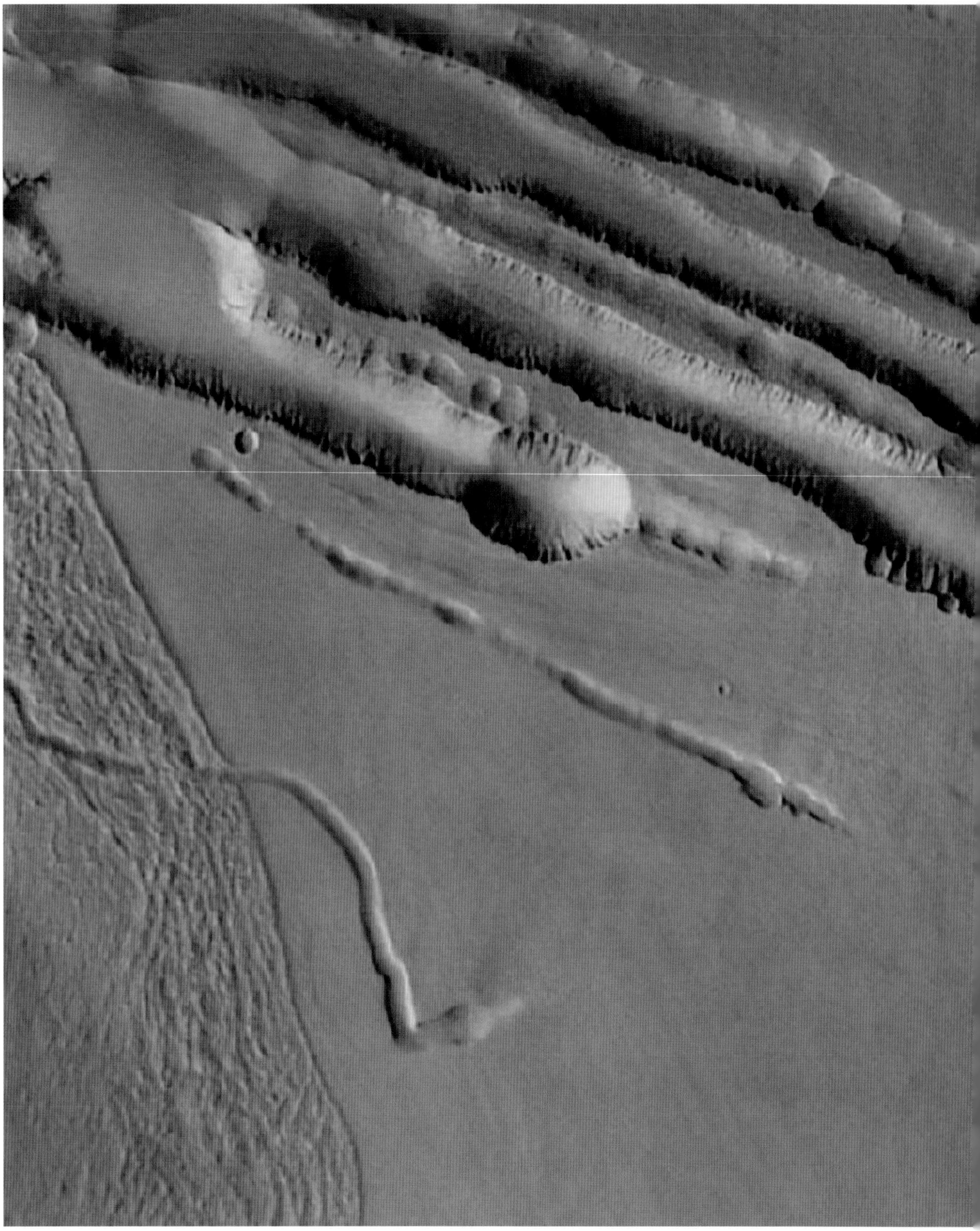

孔雀山北部边缘的火山冲沟构造

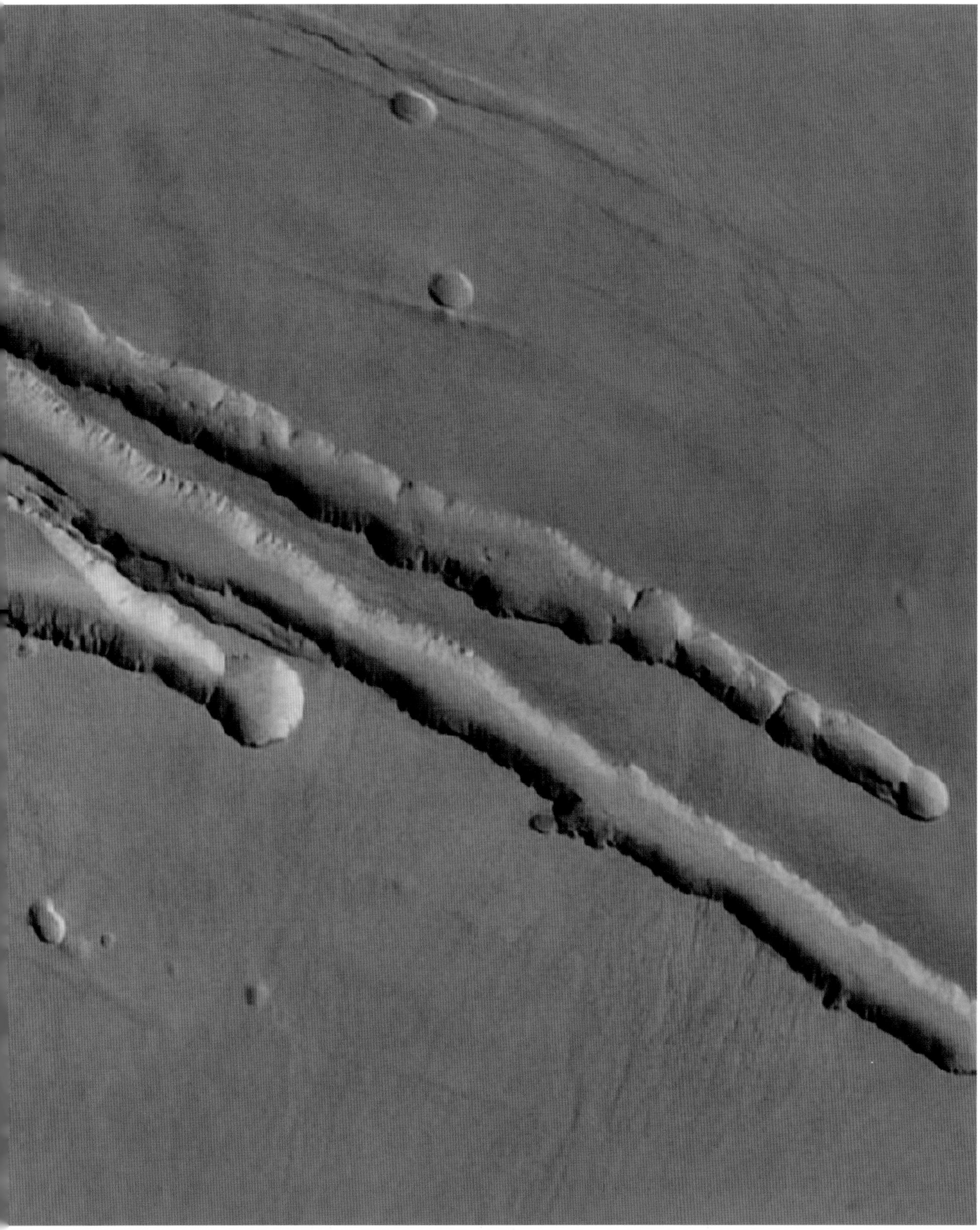

阿尔西亚山边缘的火山冲沟及撞击坑构造

水手谷

Valles Marineris

水手谷位于火星赤道南部，中心点经纬度为东经 301.41°、南纬 14.01°，长度 3761.28 千米，最宽处约 600 千米，最大深度约 8 千米，其命名源于美国的水手号火星探测器。该谷不仅是火星上最大的谷，也是太阳系内已知的最大谷。从形貌上看，水手谷犹如在火星表面划出的一道既宽又深的凹痕。

水手谷的成因目前尚无法确定，但主流观点认为，数十亿年前西部的塔尔西斯巨型火山的不断增长引发了火星表面地质构造的变化，导致在水手谷处形成了地质断层裂缝，后来逐渐演变成现今的水手谷。

● 水手谷全貌

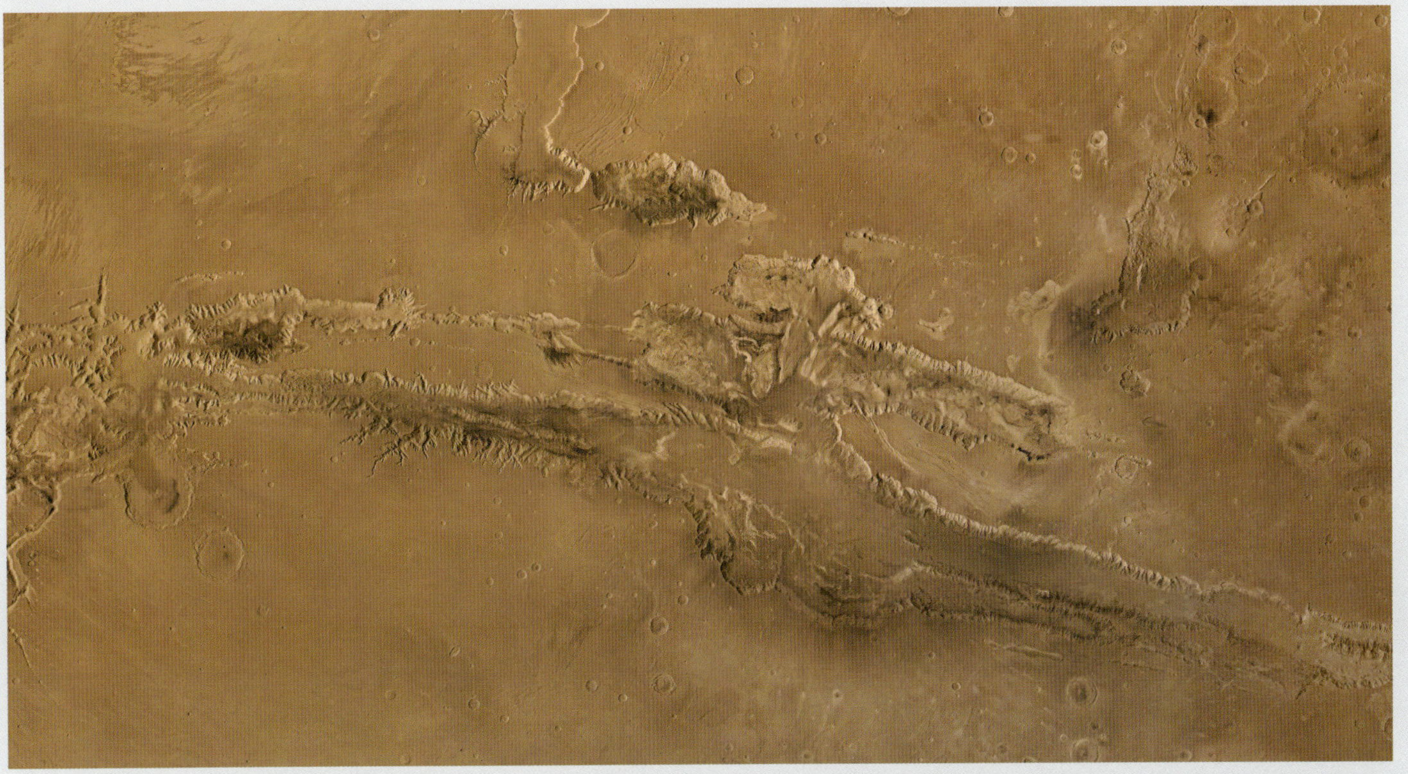

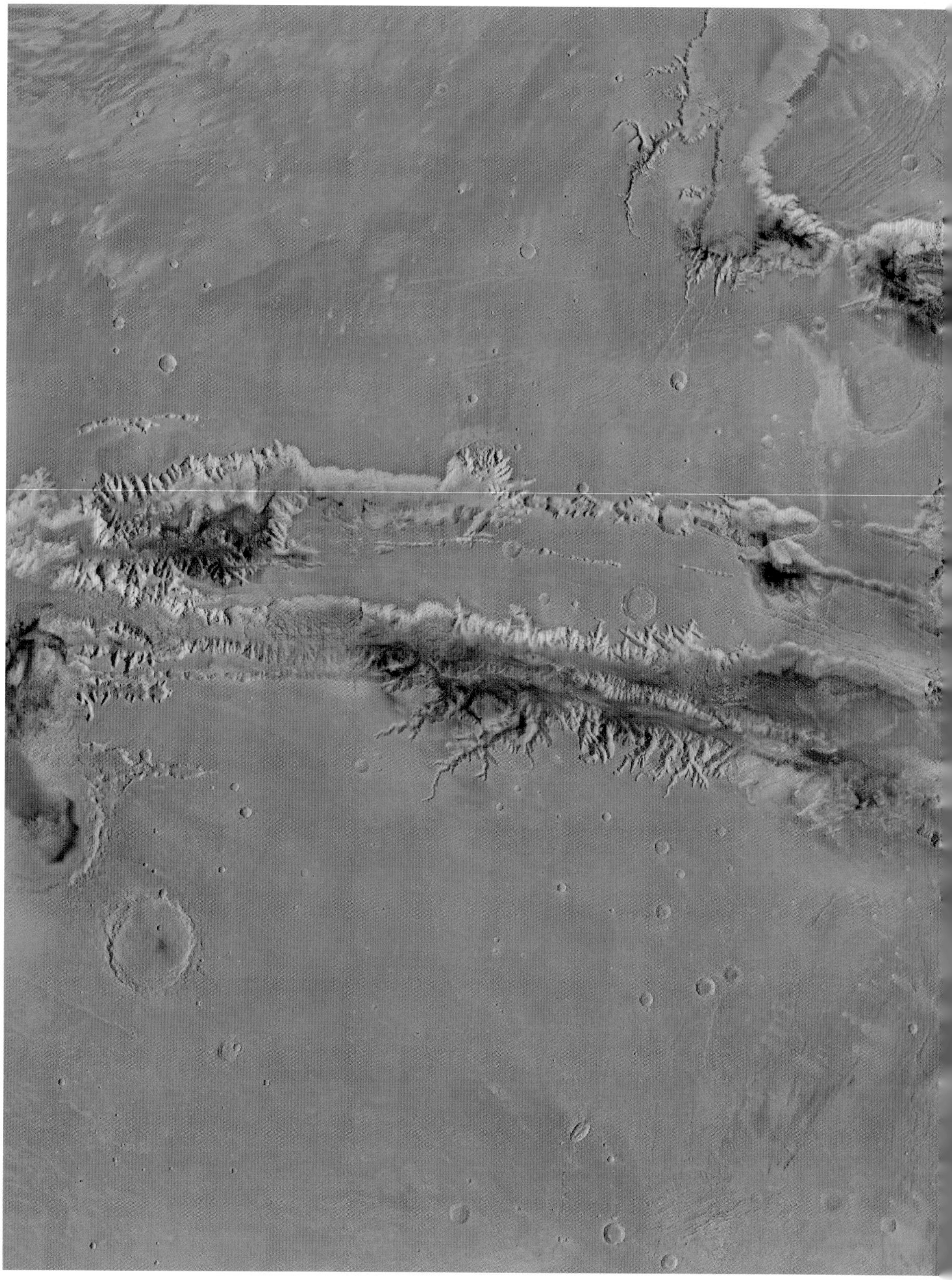

水手谷局部放大图

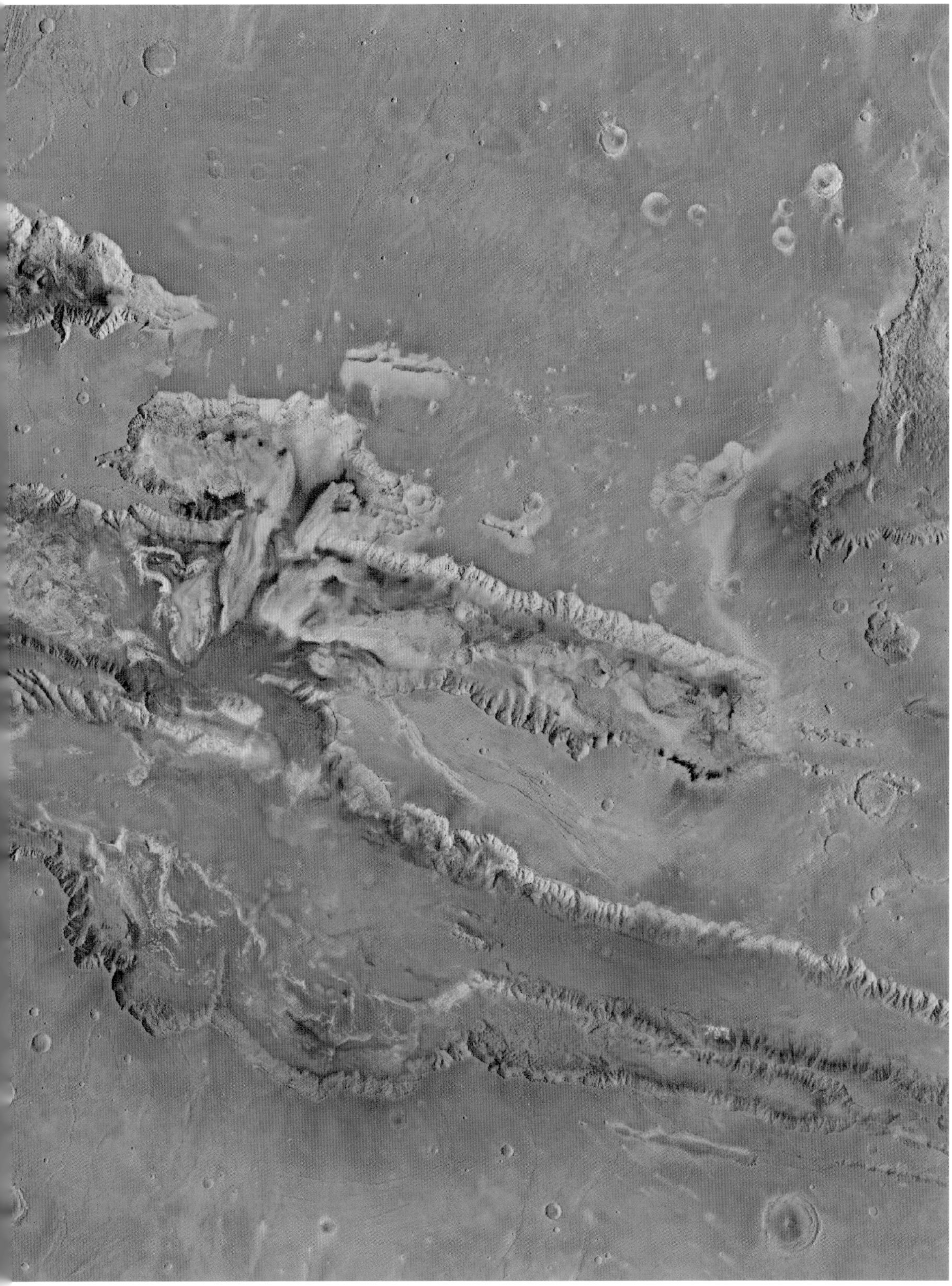

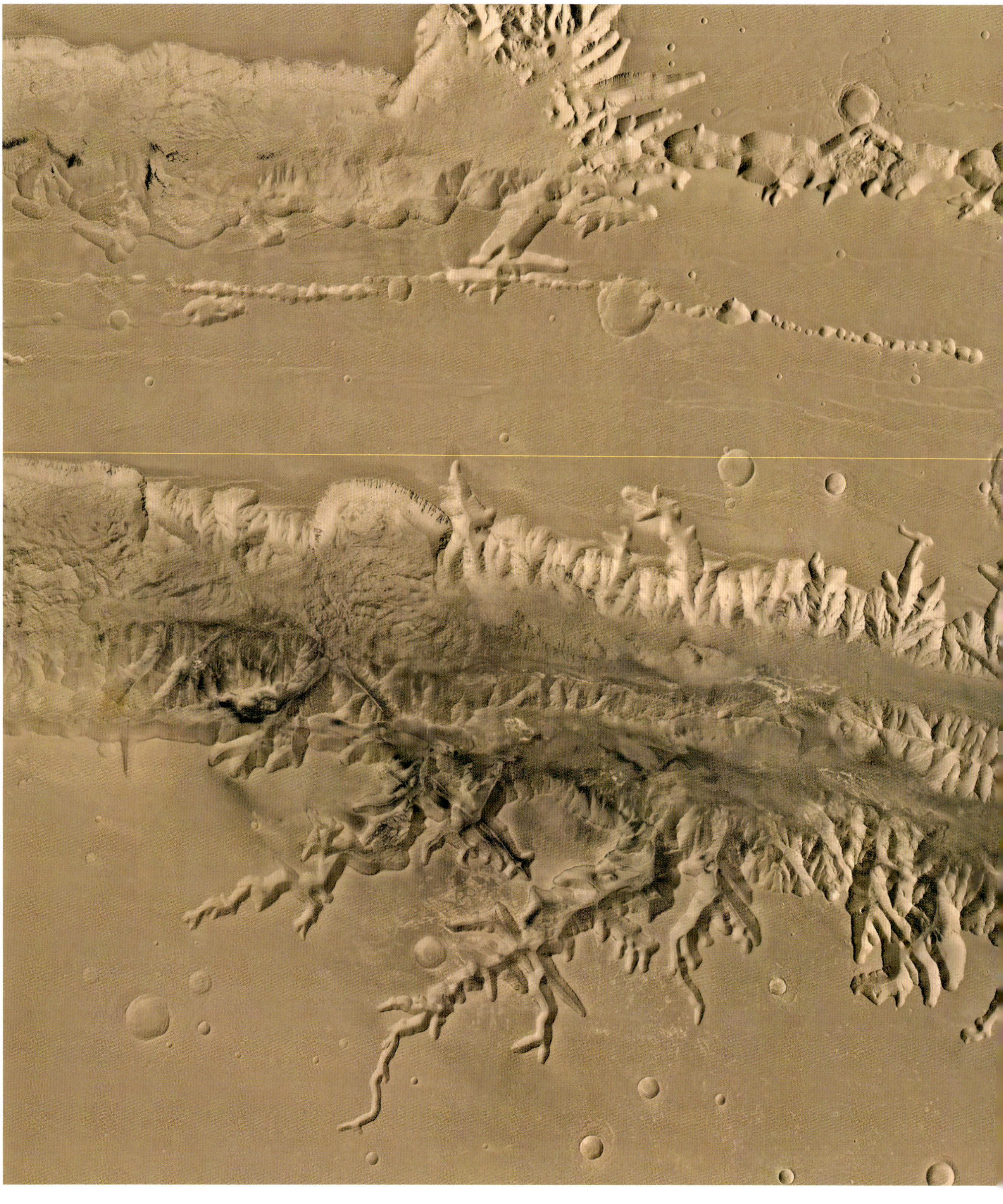

水手谷中可见的巨大裂谷构造

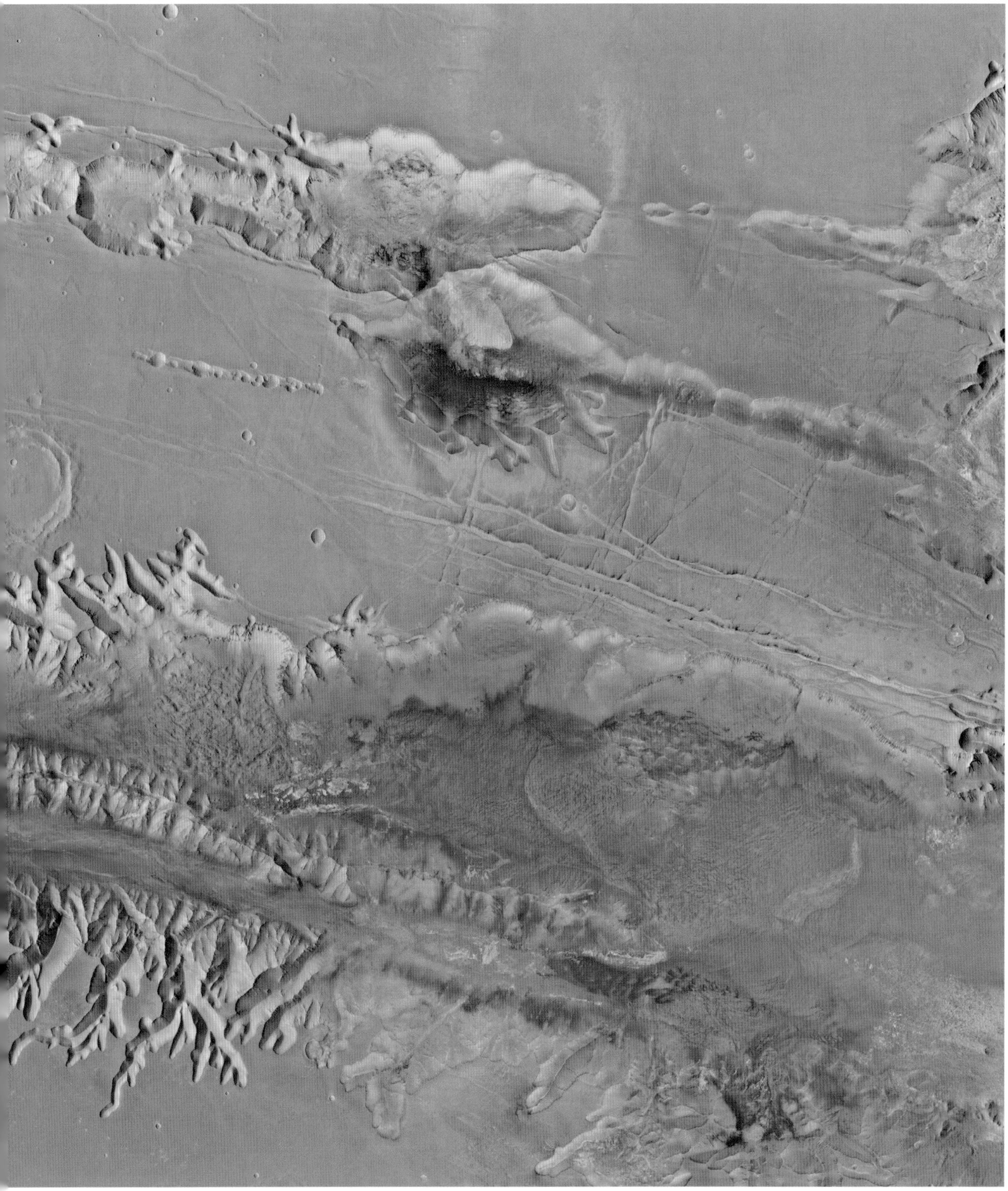

南极冰盖

South polar ice cap

南极冰盖位于火星南极点及其周围区域，季节性冰盖主要由固态二氧化碳（干冰）组成。随着南极秋冬季节气温的下降，季节性冰盖的范围开始扩大。相反，在春夏季节则能在火星南极观测到较为明显的冰盖退化现象，期间会有米切尔山脉季节性冰盖等明显的特殊区域出现。火星南极季节性冰盖的变化可以为火星当代大气的研究提供素材，同时也是研究火星气候变化的重要对象。

火星南半球春季南极冰盖

● 南极冰盖局部

①

②

South polar ice cap

南极冰盖

① 南极冰盖局部

② 高分辨率相机拍摄到的南极冰盖局部细节

以下三张图展示了第 36 火星年（地球的 2021 年 2 月至 2022 年 12 月）火星南极冰盖在南半球春季（太阳经度处于 226°～ 256°）逐渐消退的变化过程。

36th Martian year

36th Martian year

第 36 火星年太阳经度处于 **226°**左右的火星南极冰盖。局部呈现出较暗的特征（Cryptic Region）且整体较为对称，冰盖边缘处的撞击坑等地形较为清晰。

36th Martian year

36th Martian year

36th Martian year

36th Martian year

第 36 火星年太阳经度处于 **241°** 左右的火星南极冰盖。较暗的特征区域（Cryptic Region）发生了剧烈的退化现象，引发火星南极冰盖呈现出明显的不对称退化特征，图中右上角的米切尔山脉轮廓开始逐渐清晰。

36th Martian year

36th Martian year

36th Martian year

36th Martian year

36th Martian year

第 36 火星年太阳经度处于 **256°** 左右的火星南极冰盖。较暗的特征区域（Cryptic Region）已经完全消失，并且米切尔山脉已经从冰盖主体中基本显现出来。

36th Martian year

36th Martian year

36th Martian year

阿西莫夫坑

Asimov Crater

阿西莫夫坑位于火星赤道北部，中心经纬度为东经 313.03°、北纬 4.93°，直径 80.82 千米，其命名源于美国著名科幻小说家阿西莫夫。

天问一号高分辨率相机对该坑边缘进行了成像，图中可以看到阿西莫夫坑陡峭的坑缘，坑壁上似乎存在滑坡现象。

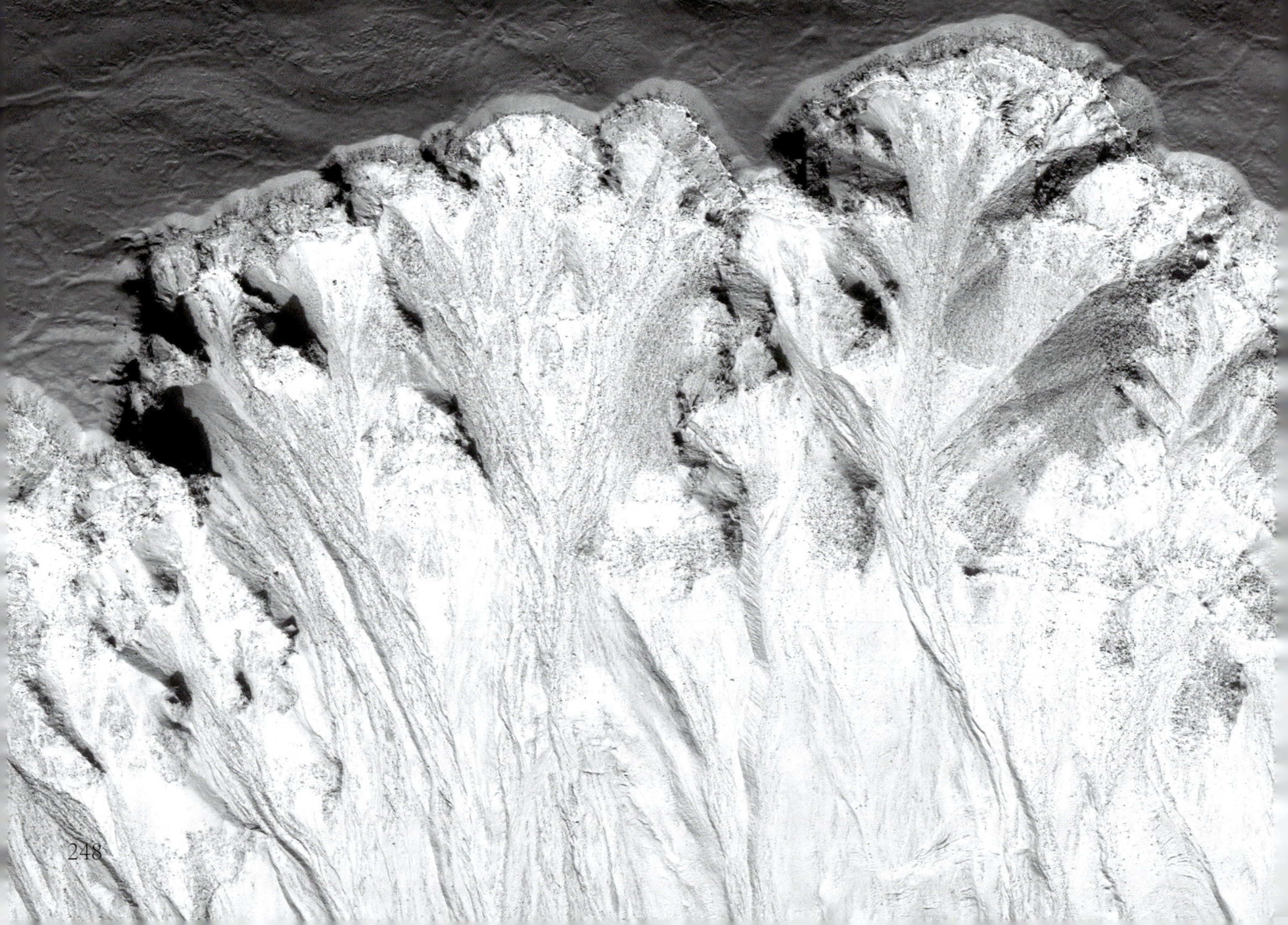

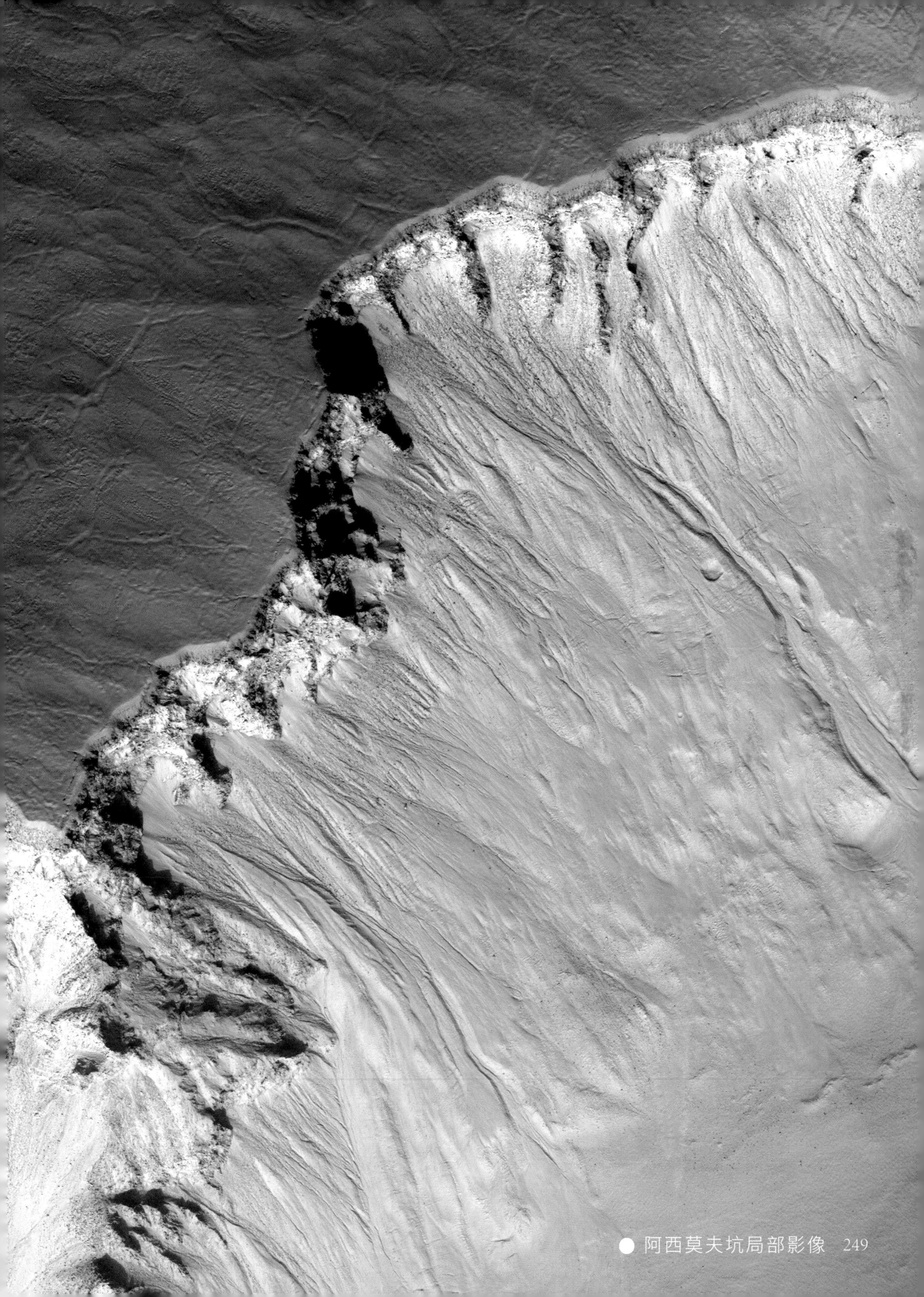

阿西莫夫坑局部影像

俄古革斯沙波

Ogygis Undae

俄古革斯沙波位于火星南半球，中心经纬度为东经 293.79°、南纬 49.66°，最大跨度 87.7 千米，其命名源于附近的反照率特征名。

天问一号高分辨率相机对俄古革斯沙波局部区域进行了成像，图像显示俄古革斯沙波主要由反射率较低的暗色物质覆盖，其形态类似于新月形沙丘。

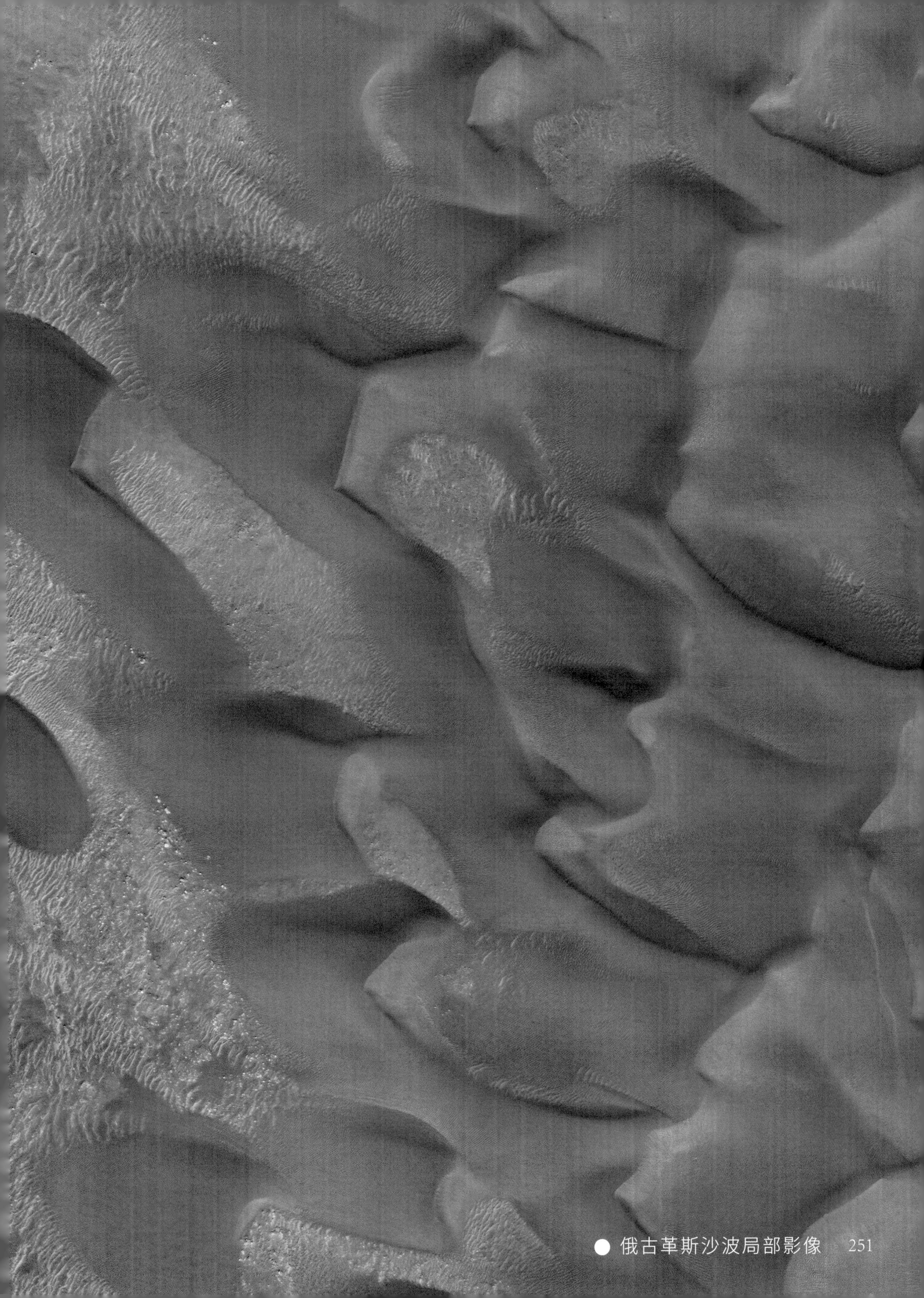

● 俄古革斯沙波局部影像

大浅滩高原风蚀痕

Syrtis Major Planum

大浅滩高原位于火星赤道北部，中心经纬度为东经 67.1°、北纬 9.2°，其命名源于附近的反照率特征名。在大浅滩高原表面区域，可以看到大片亮色条

● 大浅滩高原局部影像

纹状的风蚀痕，这些风蚀痕通常位于表面环形坑等障碍物的背风面，科学家们认为其形成与火星尘的沉积作用相关。

沙丘

Dune

沙丘是火星表面最为常见的风成地貌之一。祝融号火星车在火星表面乌托邦平原南部的天问一号着陆区（东经 109.925°、北纬 25.066°）开展巡视探测期间，利用其搭载的导航地形相机获取了着陆区表面的地形地貌影像，其中的沙丘构造清晰可见。这类低矮的沙丘又被称为横向风成脊。

祝融号导航地形相机拍摄到的火星表面新月形沙丘，在沙丘的另一侧可以看到天问一号的降落伞和背罩

祝融号导航地形相机拍摄到的火星表面沙丘，可以看到暗色沙丘覆盖在亮色沙丘之上，显示出两期风场作用的结果

天问一号

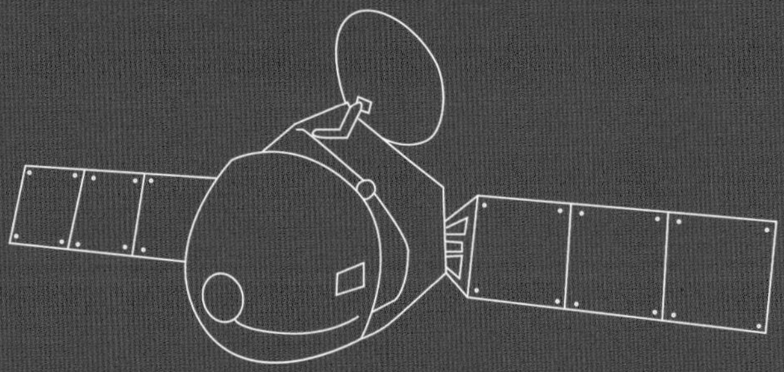

04

中国火星人文景观

中国火星人文景观（地名）

2021 年 5 月 15 日，天问一号探测器成功着陆于火星乌托邦平原南部预选着陆区。为了讲好中国故事，科研单位根据天问一号环绕器获取的高分辨率影像图，对着陆区附近的火星地理实体进行了仔细分析和严格筛选，挑选出 **16 个环形坑、3 个穹丘、2 条沟和 1 座方山在内的共计 22 个火星地理实体，向 IAU 申请命名，并于 2022 年 3 月 9 日得到批准。**

根据 IAU 对“直径小于 50 千米的火星环形坑以地球上人口小于 10 万的镇、村名称命名”的规则，国家航天局结合我国历史文化，以春秋战国时期主要诸侯国都城辖区内具有文化代表性的乡镇名称为主题，命名了“西柏坡”“古绛”“胡襄”“齐都”“郑集”“窑店”“马集”“五星”8 个环形坑；以中国历史文化名镇、名村的名称为主题，命名了“杨柳青”“漠河”“周庄”“天柱山”“古田”“文家市”“平乐”“鲁克沁”8 个环形坑。遵循火星地理实体的命名规则，将着陆区域内的沟、穹丘和方山等火星地理实体以附近环形坑的名称命名，分别为“窑店穹丘”“文家市穹丘”“漠河穹丘”“窑店沟”“齐都沟”和“文家市方山”。

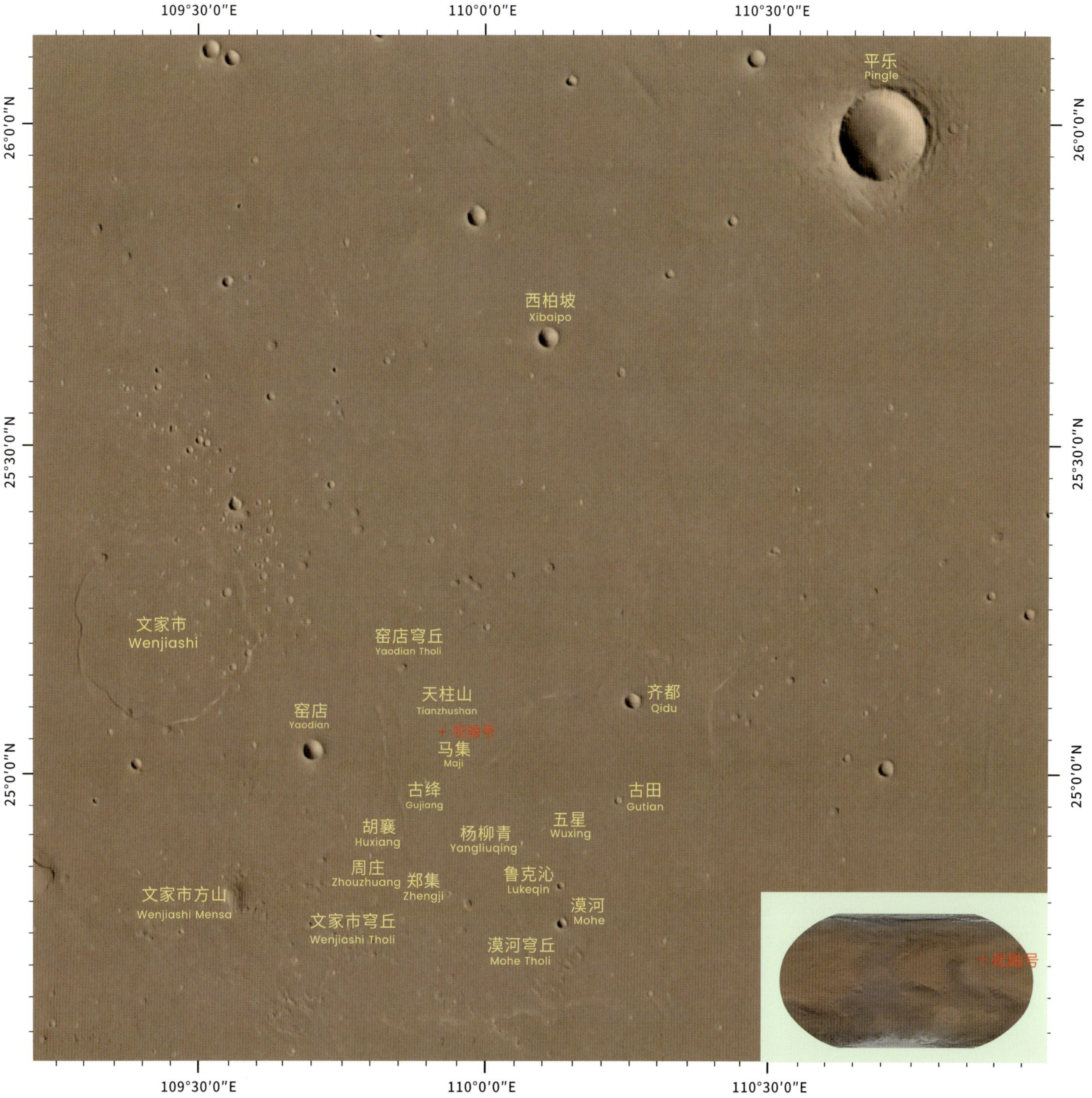
109°30′0″E
110°0′0″E
110°30′0″E
26°0′0″N
25°30′0″N
25°0′0″N
平乐
Pingle
西柏坡
Xibaipo
文家市
Wenjiashi
窑店穹丘
Yaodian Tholi
天柱山
Tianzhushan
齐都
Qidu
窑店
Yaodian
+ 祝融号
马集
Maji
古绛
Gujiang
古田
Gutian
胡襄
Huxiang
杨柳青
Yangliuqing
五星
Wuxing
周庄
Zhouzhuang
郑集
Zhengji
鲁克沁
Lukeqin
文家市方山
Wenjiashi Mensa
漠河
Mohe
文家市穹丘
Wenjiashi Tholi
漠河穹丘
Mohe Tholi
+ 祝融号

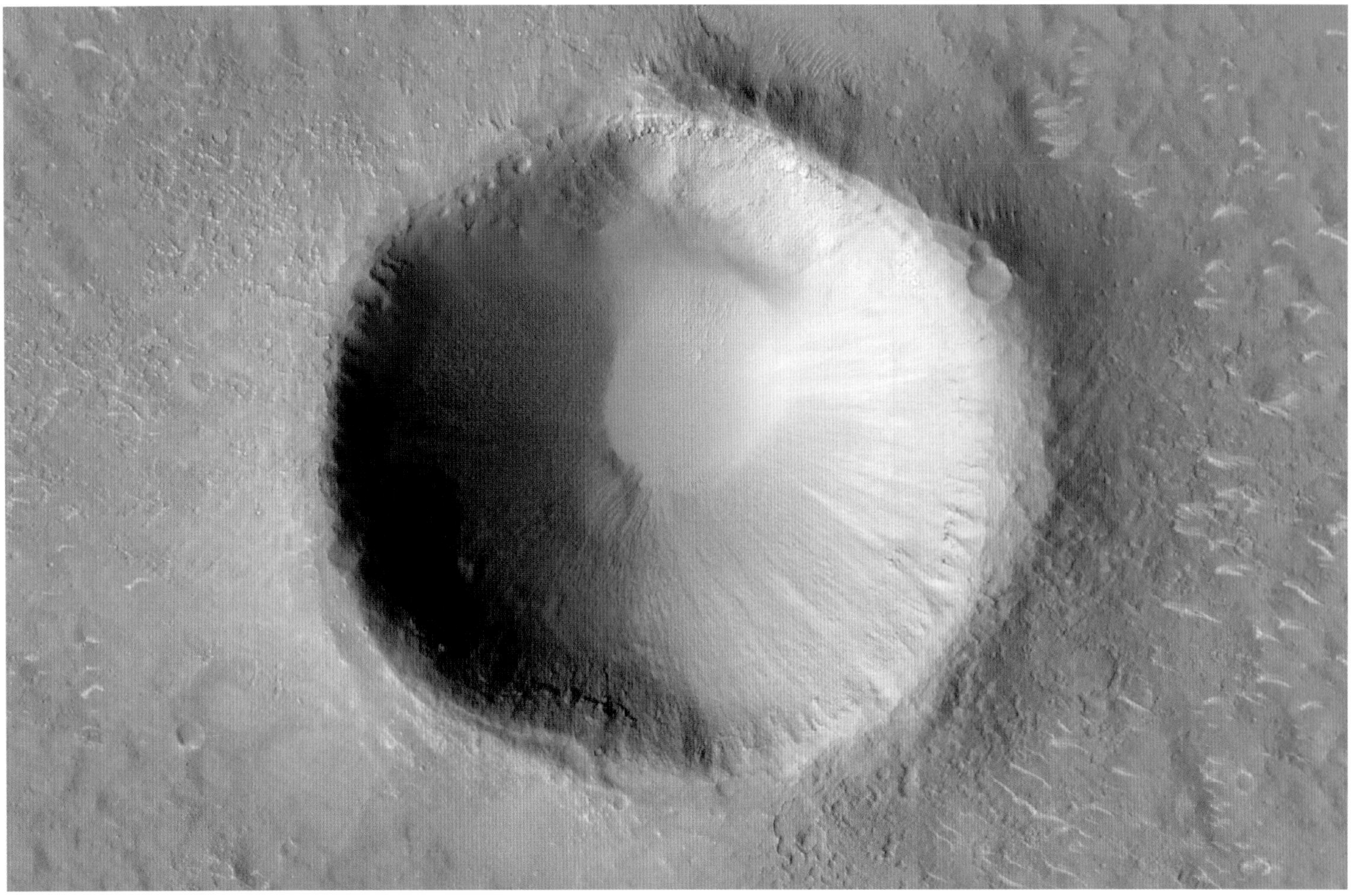

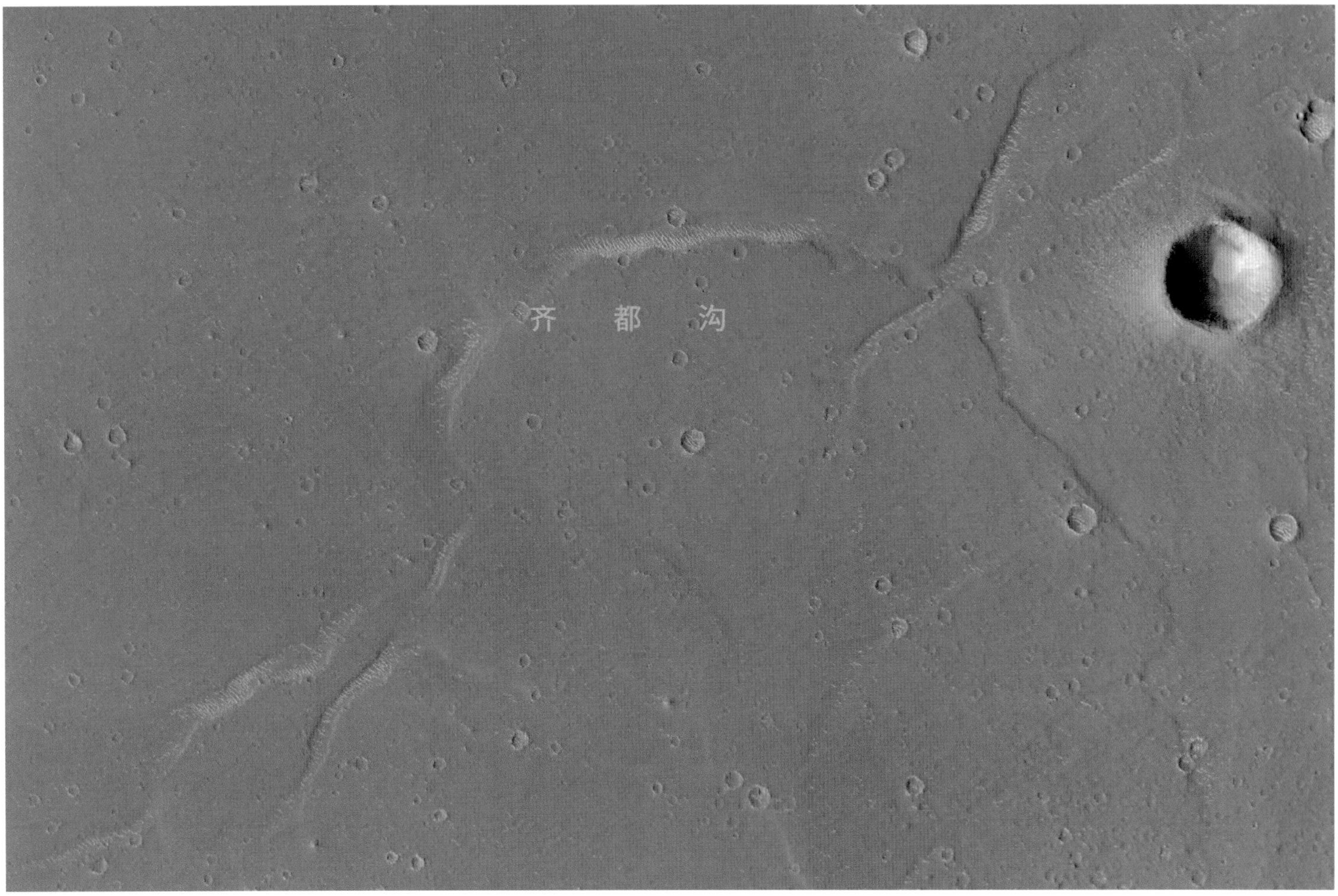
齐 都 沟

齐都

“春秋五霸之首、战国七雄之一”的齐国都城临淄，位于如今的**山东省淄博市临淄区**。2020 年人口普查显示，临淄区的常住人口为 64.92 万，超过了 10 万人口的规定，因此该地名无法使用。根据考证，**齐国都城**遗址实际坐落于临淄区下辖的齐都镇上，于是选定了**齐都**。

郑集

楚国，史书中记载楚的都城为郢，但郢其实并非地名，而是楚国首都的称谓，具体郢在哪里，在楚国不同的历史时期地点并不相同，而且还存在争议。命名过程中优先选择了目前最为公认的楚都遗址——楚纪南故城所在的纪南镇这个名字，但在讨论时，发现纪南的汉语拼音写法“Jinan”与山东省省会济南完全相同，无法区别，这样的名字是无法获批的。于是转而将目光投向了位于**湖北襄阳宜城市郑集镇**的楚皇城城址，考古发掘确定此处城址年代上至春秋下至秦汉，目前众多学者将其认定为春秋时期的**楚国都城**（鄢郢）。最终，表征楚国都城的地名选择了**郑集**。

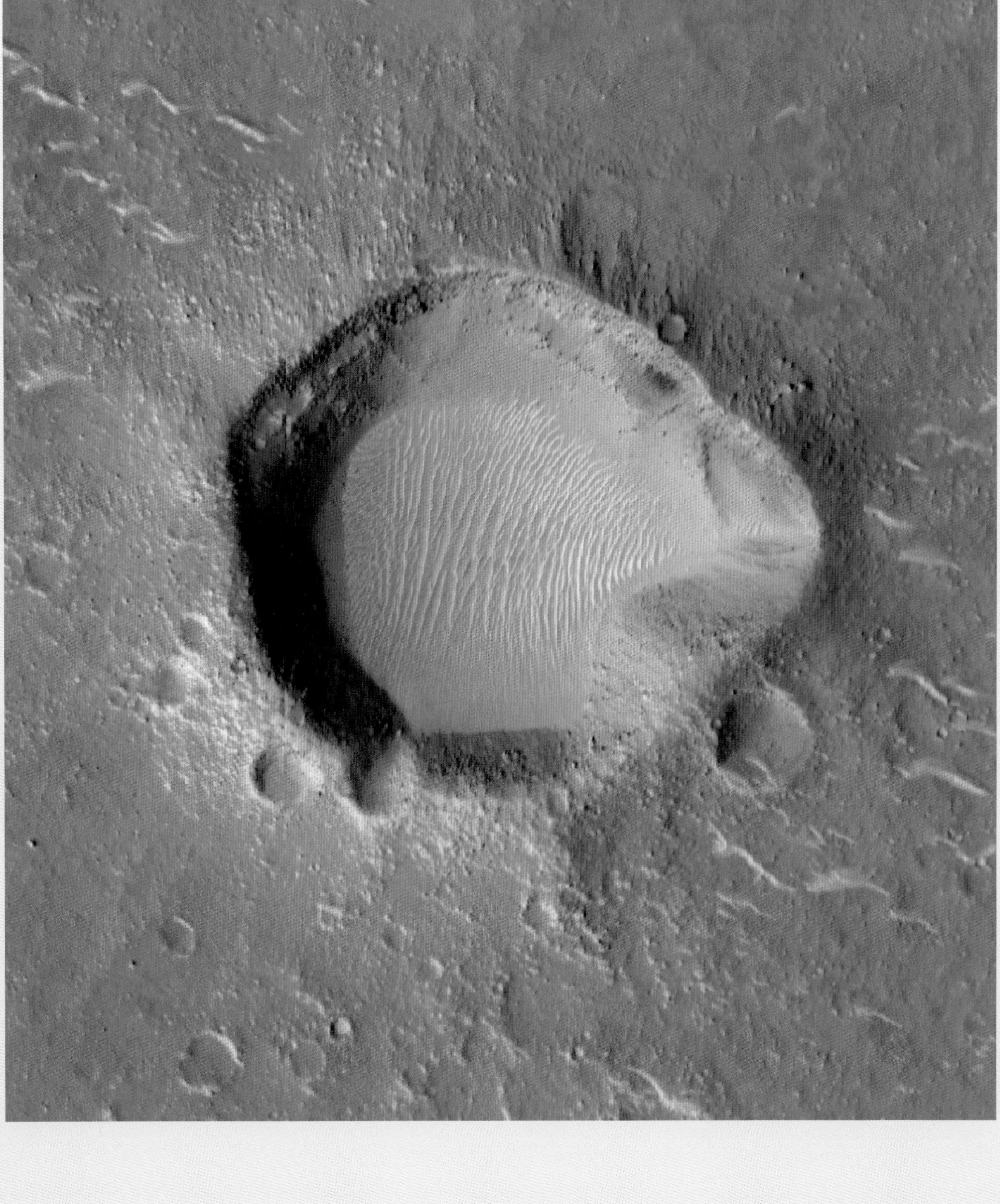

古绛

古绛位于**山西省运城市**，为春秋时**晋国都邑**遗址所在地。

胡襄

胡襄位于**河南省商丘市**，为春秋时**陈国开国之都**所在地。

窑店

窑店位于**陕西省咸阳市**，是战国时**秦国都城**咸阳宫遗址所在地，作为春秋战国时期大诸侯国国都的代表。

窑店沟

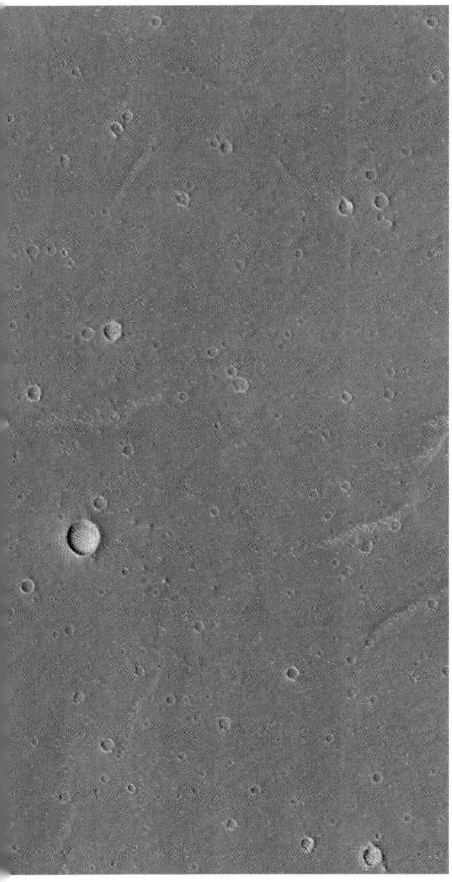

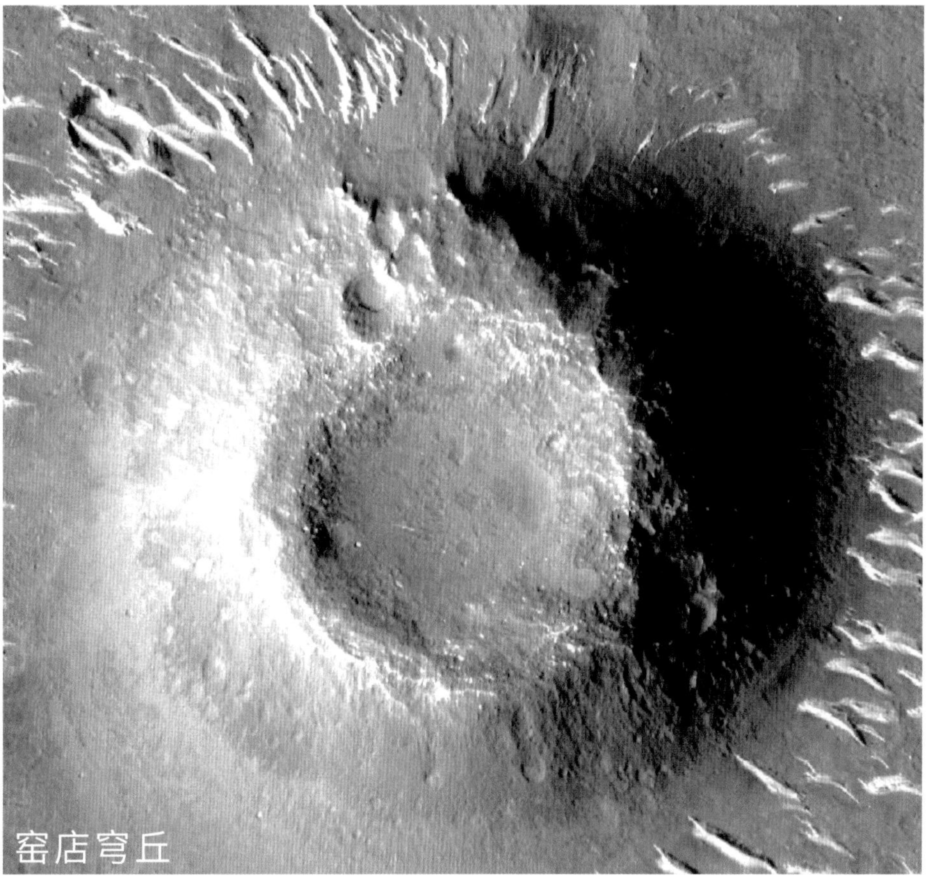
窑店穹丘

马集

马集位于**山东省菏泽市**，为春秋时**曹国都城**陶丘古城遗址所在地。

西柏坡

西柏坡位于**河北省石家庄市**，为战国时期**中山国都城**所在地。

五星

五星位于**河南省濮阳市**，为战国时**卫国都城**帝丘遗址所在地。

平乐

平乐位于**四川省邛崃市平乐镇**，体现着巴蜀之地的平安喜乐。

文家市

用**湖南长沙浏阳市**的**文家市镇**来体现刚劲热烈的湖湘风情。

文家市方山

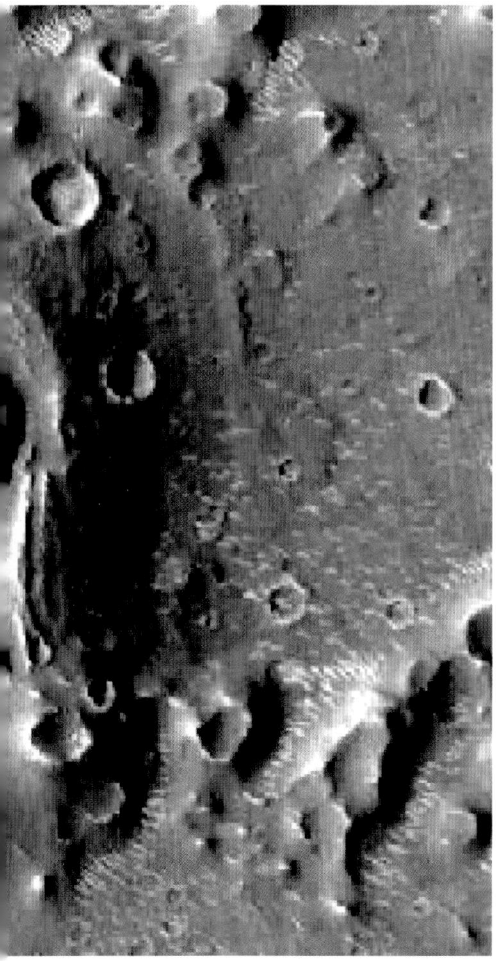

文家市穹丘

周庄

江苏苏州昆山市的**周庄镇**荡漾着江南水乡的柔情。

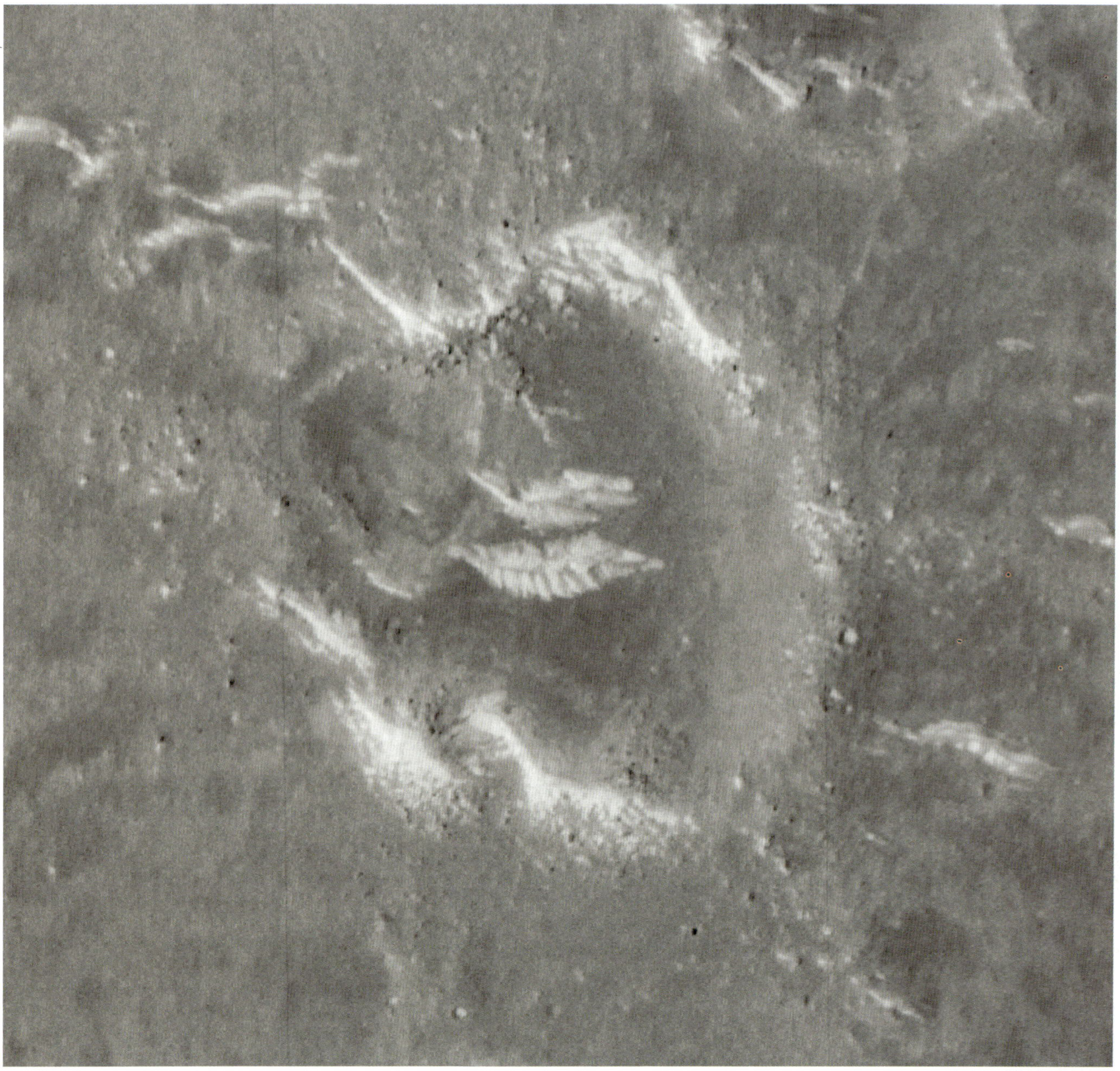

天柱山

安徽安庆潜山市的**天柱山镇**彰显着山岳的雄浑。

古田

福建龙岩上杭县的**古田镇**表征了八闽山地的隔绝与古朴。

杨柳青

天津西青区的**杨柳青镇**展现了运河商埠的开放与繁华。

鲁克沁

新疆吐鲁番鄯善县的**鲁克沁镇**洋溢着浓浓的西域风情。

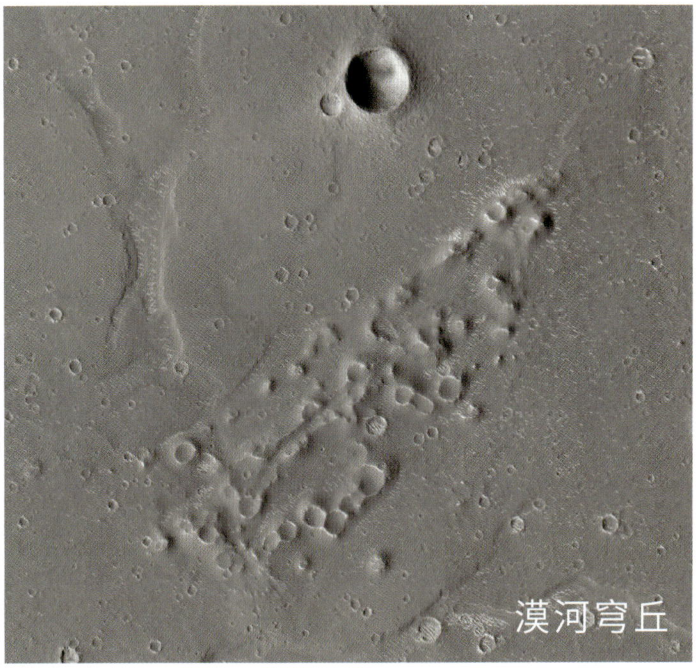

漠河

漠河是一个县级市，人口不足 10 万，位于我国的“北极”，特点鲜明，也被列入了此次火星地理实体的名单中。

天问一号

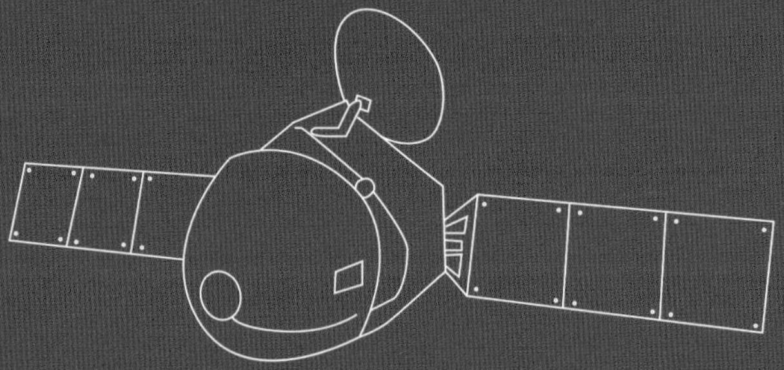

05

中国火星全球彩色影像图

中国火星全球彩色影像图

火星遥感影像图具有丰富的火星表面形貌和地质构造信息，是服务火星科学研究和工程任务的基础数据。在 2023 年 4 月 24 日“中国航天日”活动仪式上，国家航天局和中国科学院联合发布了中国首次火星探测火星全球影像图，空间分辨率为 76 米。

天问一号环绕器使用中分辨率相机和矿物光谱分析仪获取了火星全球表面的遥感数据。2021 年 11 月至 2022 年 7 月，历时 8 个月，中分辨率相机实施了 284 轨次（探测器每环绕火星一圈，称为一个轨次）遥感成像，实现了对火星全球表面的全覆盖，空间分辨率为 57 ～ 197 米；矿物光谱分析仪同时获取可见波段光谱数据，空间分辨率为 265 ～ 800 米，用于全火星影像的颜色校正。

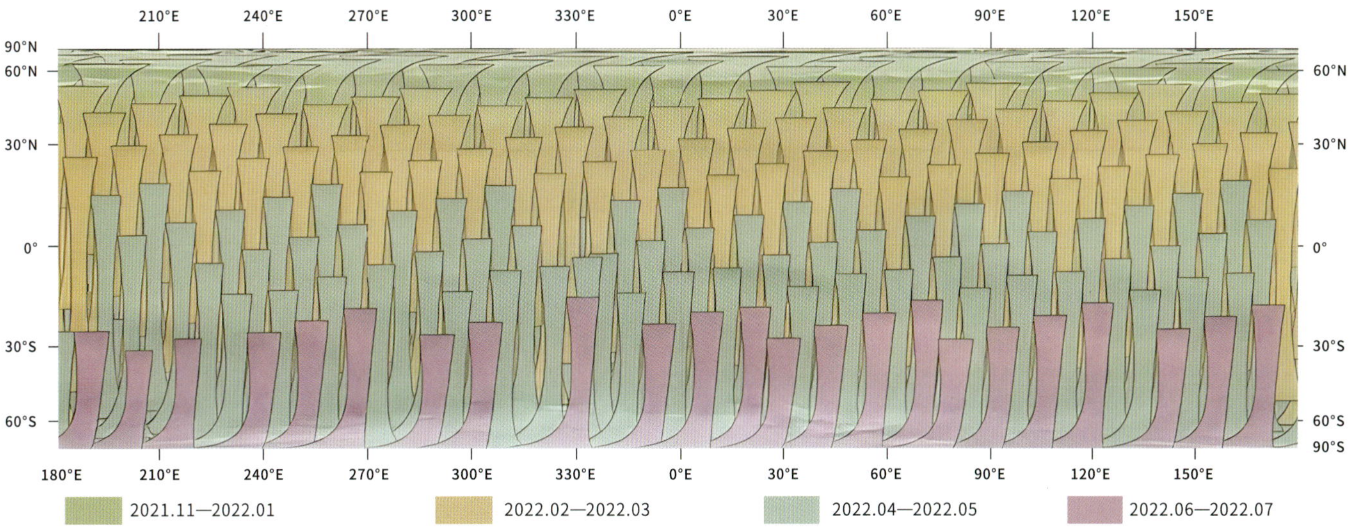

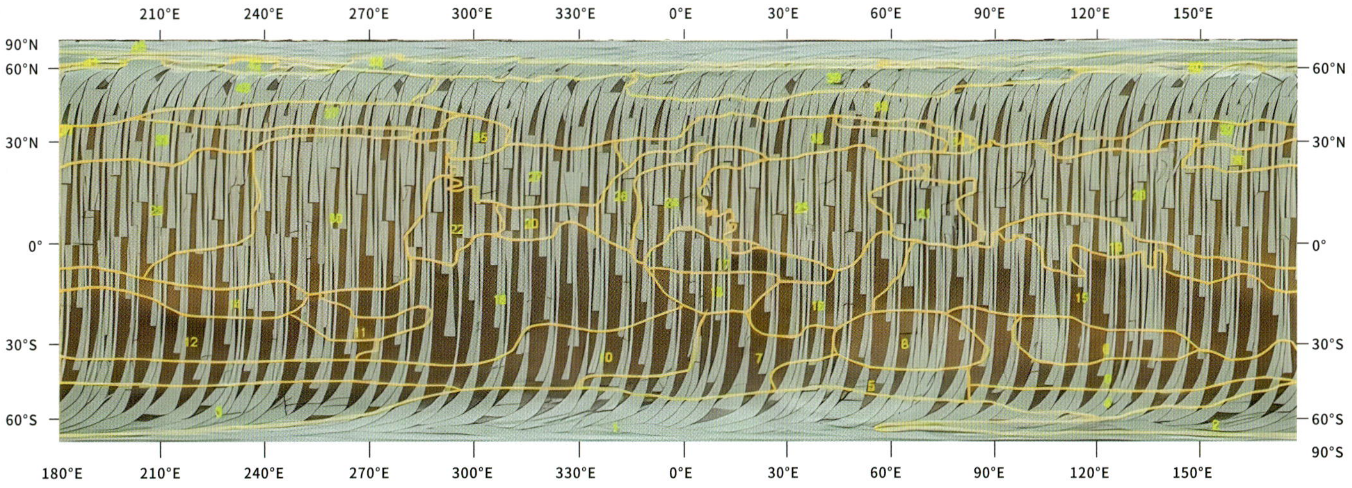

● 上图：中分辨率相机影像覆盖示意图

● 下图：矿物光谱分析仪数据覆盖（浅蓝色）和颜色校正分区（黄色曲线封闭的区域）划分

中分辨率相机影像数据经过数据预处理、辐射校正处理、几何校正处理，生成了单幅彩色正射影像。从全部影像图中挑选了 10572 幅图像质量好、光照条件相近、受大气尘埃和晨昏线阴影影响较小，能够 100% 覆盖火星表面的影像图，像元分辨率为 57 ～ 120 米，制作了火星全球彩色正射镶嵌影像图和分幅影像图产品。

中分辨率相机成像时，环绕器星下点位置示意图（星下点：环绕器绕火星运行过程中，经过其轨道上的每一个位置时，环绕器在火星表面上的投影点）

中国首次火星探测火星全球影像图

西半球

正射投影

90°N
60°N
60°N
东半球
30°N
30°N
0°
30° E
60° E
90° E
120° E
150° E
0°
30°S
30°S
60°S
60°S
90°S

中国首次火星探测火星全球影像图

鲁宾逊投影

30°E
60°E
90°E
120°E
150°E
180°
90°N
60°N
30°N
0°
30°S
60°S
90°S
30°E
60°E
90°E
120°E
150°E
180°